U0394145

纺织服装高等教育“十三五”部委级规划教材
东华大学服装设计专业核心系列教材

刘晓刚　主编

服装色彩设计（第2版）

从基础搭配到设计运用

陈　彬　编著

東華大學出版社
·上海·

图书在版编目(CIP)数据

服装色彩设计/陈彬编著.—2版.—上海:东华大学出版社,2016.4
ISBN 978-7-5669-1017-2

Ⅰ.①服… Ⅱ.①陈… Ⅲ.①服装色彩—设计 Ⅳ.①TS941.11

中国版本图书馆CIP数据核字(2016)第045105号

责任编辑 徐建红
封面设计 高秀静

服装色彩设计(第2版)
FUZHUANG SECAI SHEJI
从基础搭配到设计运用

陈 彬 编著

东华大学出版社出版
(上海市延安西路1882号 邮政编码:200051)
新华书店上海发行所发行 苏州望电印刷有限公司印刷
开本:787×1092 1/16 印张:13.5 字数:380千字
2016年4月第2版 2020年8月第4次印刷
ISBN 978-7-5669-1017-2
定价:55.00元

目 录

第一章 色彩的物理学原理与生理学原理

古希腊的柏拉图认为美感是起于视觉、听觉产生的快感。美感是以人的感官所能达到的范围为限制的，感官达不到的范围形态则很难说它们是美的还是丑的。色彩正是这种形态，它存在于缤纷绚烂的世界上，是人类日常生活不可或缺的。我们直接经双眼感知到色彩，并通过想象使色彩富有了特定意义，产生象征和隐喻。色彩是如此奇妙以至于令我们每时每刻都感受到它所产生的美感。

人类社会因为五彩缤纷的色彩变得绚丽生动。色彩，作为实用艺术的一个表现形式，作为服装设计的三要素之一，服装更离不开色彩的依附，因为服装本身就是以有色形式出现，色彩在服装上具有特殊的表现力。色彩与服装的造型、面料肌理共同构成了一个整体，而色彩以第一速度进入人们的视觉，让人产生第一印象，可见色彩对服装的重要。

第一节 色彩的物理学原理

色彩孕育着无穷的科学原理,历史上众多科学家怀着严谨的治学态度,孜孜不倦地对色彩进行了深入研究,找出了色彩产生的原因,进而发现了物体与色彩的关系。这就是色彩的物理学原理。

一、色彩的产生

1705 年法国耶稣会的拉扎里·纽吉特(Lazzare Nuguet)在《多莱布》杂志上发表一篇关于色彩的论文,提到:"一切色彩都消失在黑暗之中,光是色彩的本质条件。"[①]人在黑暗中是看不到周围的形状和色彩的,色彩的产生完全是由于光照射在物体上,物体本身对光线有反射或吸收的能力,反射的光刺激人眼,并通过视神经传递到大脑,最终在大脑中形成对色彩的感受,这就是我们所看到的五颜六色。可见光、物体和人的视觉器官是形成色彩的三个条件。光是产生色彩的外部因素,光的存在使我们感受色彩成为可能。物体是产生色彩的基本要素,色彩赋予物体以不同外观。色彩的呈现离不开人的视觉器官,视觉是人类认识世界的内在因素,没有色彩感的色盲者对世界的认识必定存在相当的缺陷和不足。

(一) 光的概念

光是一种辐射能量,是一种电磁波,包括宇宙射线、X 射线、紫外线、红外线、无线电波、交流电波和可见光等,他们各自具有不同的波长和振幅。在整个电磁波内,只有 380 ~ 780 nm 波长的电磁波才能使人们感觉到色彩,因此这段波长称为可见光谱,或称为光。波长比 780 nm 长的电磁波称为红外线,短于 380 nm 的电磁波称为紫外线。

光是一个物理概念,物理学家对于光与色彩的关系进行了漫长的实验和研究,得出了许多成果,1802 年英国生理学家托马斯·杨(Thomas Young)发展了色彩视觉理论,认为人类眼睛的视网膜接受光波,通过视神经把它们传送至大脑进行译码。而视网膜中含有圆柱状和圆锥状两种视觉细胞,圆柱状细胞有助于正确区分白色、灰色和黑色的不同明暗程度,负责夜视觉;圆锥状细胞敏感于色相和彩度,负责白昼视觉。1867 年德国物理学家赫尔曼·尔姆霍茨(Herman Helmholz)发展了托马斯·杨的理论。1871 年苏格兰物理学家詹姆斯·麦克维尔(James Maxwell)提出了光的传播的电磁学说,认为光具有波动性。至此人类了解到:色彩世界本质是一种光波运动,缤纷绚烂的色彩是光线辐射的结果。

(二) 光源

光是构成色彩最基本的条件,用波长来表示,不同波长的光线有着不同的色彩倾向。能够发出电磁波的物体称为光源,分自然光源和人工光源两大类,太阳光是主要的自然光源,灯光和火光是主要的人工光源。不同的光源由于本身能量的差异而表现出不同的色光,这种色光称为光源色。环境光是物体表现出各种色彩的外在原因。

太阳光是一种强光,当它照射时,我们感觉像是白色的,事实上它不是单色光,而是复合光,包括红、橙、黄、绿、青、蓝、紫七种光带。

---

① 城一夫. 色彩史话. 杭州:浙江美术出版社,1990:109.

(三) 色光波长

一般情况下界定颜色都有一个默认的前提,即这种色彩是在白色的光线下(一般是在日光下)呈现出来的。日光是一种包括了从波长最短的紫色到波长最长的红色在内的所有可见光的混合光,即光谱,这是牛顿于1666年用三棱镜进行的著名的色散试验,它揭示了光产生色彩这一原理,原来物质的色彩是由于不同的光在物体上有不同的反射率和折射率造成的。实验中,一束太阳光通过三棱镜后,分解成几种颜色的光谱带,再用一块带狭缝的挡板把其他颜色的光挡住,只让一种颜色的光再通过第二个三棱镜,结果出来的只是同样颜色的光,由此发现了白光是由各种不同颜色的光组成的。为了验证这个发现,牛顿又设法将几种不同的单色光合成白光,并且计算出不同颜色光的折射率,精确地说明了色散现象,揭开了物质的颜色之谜,即物质的色彩是不同颜色的光在物体上有不同的反射率和折射率造成的。牛顿研究出了分解光的实验结果,它以红、橙、黄、绿、青、蓝、紫顺序排列。同时牛顿又将光谱分成两部分,光谱的上部色为红、橙、黄,下部色为绿、青、蓝、紫,并用两个棱镜加以聚焦,结果成了各种混合光,将这些混合光互相收拢,证明又回到了原来的白色光(图1-1)。这说明太阳光是由七种不同波长色光混合而成,其中红光波长最长,光频最低,光能最少,折射角度最小。在光谱另一端的紫色光波长最短,光频最高,光能最强,折射角度最大。(表1-1)

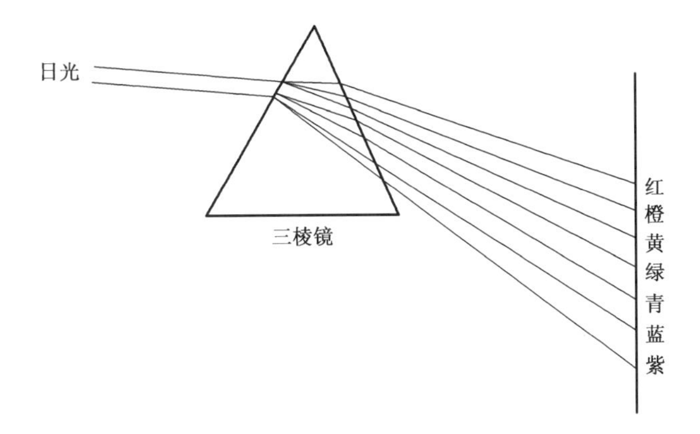

图1-1 光谱

表1-1 色光波长表

长波长	红:780 μm ~ 610 μm
中波长	黄:590 μm ~ 570 μm
短波长	青:500 μm ~ 450 μm

牛顿还提出了光的"微粒说",认为光是由一直进行直线运动的微粒组成的,以一定的速度向空间传播。

(四) 光的传播形式

光以波动形式进行直线传播,其中涉及波长和振幅两个因素。不同色彩具有不同的波长,不同的振幅又区别同一色相的明暗程度。亮度的高低则与光的振幅成正比,同一波长的色光,振幅越大明度越高;反之振幅越小明度越低。(图1-2)

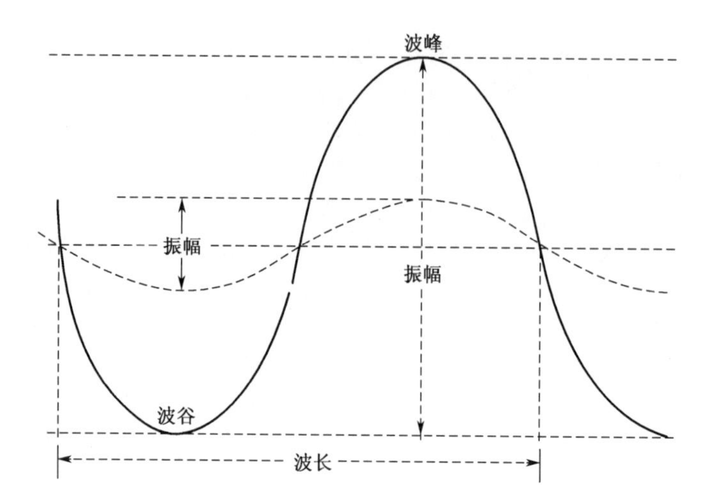

图 1-2 光的波长与振幅关系

光经过传播后进入人眼,视觉有以下几种情况:(图 1-3)

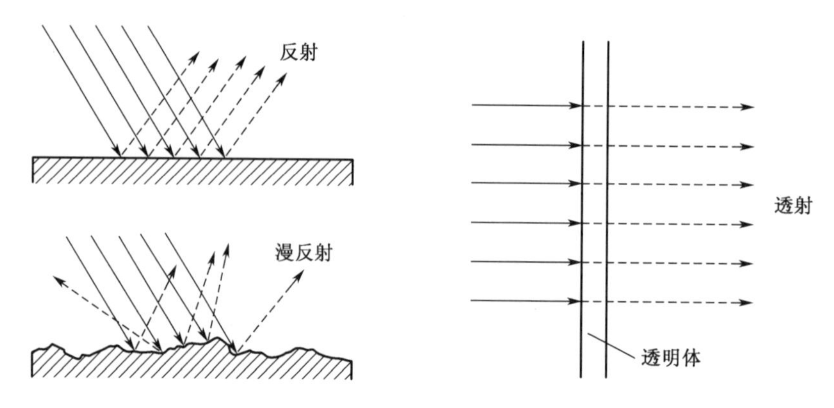

图 1-3 光的反射、漫反射、透射示意图

1. 直射光

光源没有经过间隔直接进入人眼,这类直射光一般是光源色。

2. 反射光

光源照射物体,经过其表面反射后进入人眼,这是一种常见现象,一般物体色即属这类。

3. 漫射光

由于光受物体的干扰而产生的散射现象,同时对物体表面产生一定的影响。

4. 透射光

光源透过透明或半透明物质后进入人眼,其亮度和颜色取决于入射光穿过被投射物体之后所达到的光折射率及波长特征,如经过三棱镜由于折射率的不同会分解成不同的色彩。

5. 折射光

光源照射物体时产生方向上的变化。

（五）色彩的折射

世界由具有千变万化色彩的物体构成，而我们所看到的色彩只是物体色彩的一部分，这是因为不同的物质对各种波长的光线具有不同的反射和吸收能力，而色光也有不同的折射率。不透明物体或颜料在受到光线照射时，会将一部分特定波长的光线吸收掉，而反射出其余的光线，这些被反射出来的光线混合起来就形成了我们所看到的物体色彩。

大自然的景色五彩斑斓，色彩千变万化，这都是物体反射和吸收光的能力在起作用。比如人眼看到蓝色是因为这种物质只反射蓝色光线而将其他光线一概吸收；红色的花朵是因为它吸收了白色光中的其他所有色光，而仅仅反射红色；而无彩的黑白色是物体对光线全部反射或吸收的特例；煤炭呈现黑色是因为它能将色光全部吸收，而不反射任何颜色；白雪能将光线全部反射，在日光下就显现出白色，在有色光线下则会呈现出与光线颜色一致的色彩。

因为生活中有许多光线环境并非白色，比如荧光灯偏蓝紫色，白炽灯偏暖黄色；另外还有很多彩色的灯光，譬如霓虹灯等。色彩折射在特定条件下将完全改变色彩原来面貌，例如将白光下呈现绿色的物体放在红色光线下，完全没有绿色光线的成分，那么这种物体就会因为没有可以反射的绿色光线而只能呈现出黑色。因此，从这个意义上来讲，物体的颜色只是相对存在，色彩并非物体的固有属性。所谓的物体固有色彩来源于物体固有某种反光能力，以及外界条件——环境光的相对稳定，例如树叶呈现出恒定的绿色，是因为每天受到含有绿光的阳光照耀且只能反射绿光等等。

二、物体的色彩

大千世界给人类带来了多姿多彩的色彩世界，无论色彩如何变化多端，常见物体色彩均涉及基本的两个概念：物体色和固有色。

（一）物体色

自然界万物本身不具备发光功能，所以一切物体都是无色的。我们肉眼看到物体色彩，其原因是在光源照射下，物体有选择地吸收投射到它表面的光线，并将其余部分反射出去，正是这种反射光在视觉中形成了物体的色彩，称为物体色。我们日常所见到的非发光物体所呈现出不同的颜色，取决于融合光源光、反射光、透射光于一体的复合光，如在黑暗处是看不到物体的颜色的，随着光线的增强，物体的色彩倾向愈加明显。不同物质有不同的选择性，也就有不同的分光吸收率分布特性，即当光源照射到物体时，它只是吸收光源中的部分色光，反射另一部分色光，这样物体就呈现出不同色彩。白色物体在日光的照射下，几乎反射了全部光线，所以就呈现为白色；相反黑色物体几乎吸收全部光线，所以呈现为黑色。这是较为极端的现象，但纯粹的白色和黑色是极少的，白色反射率在70%以上即有白色感觉，镁燃烧发出的白光反射率只有98%左右。而黑色的反射率一般在5% ~10%左右，黑丝绒吸收量最高，大约3%的光被反射。同理，红色苹果呈现红色是因为在日光下，表面主要反射了长波段的红光，吸收了其他波段的色光；绿色叶子呈现绿色是将日光中绿色范围波长反射出来，而吸收其他波段的色光。

当投照光由白色变为单色光时，情况就不同了，例如同样是白色的表面，用黄色光照射的时候因为只有一处黄色光可以反射，因此就会呈现黄的色彩，而当黄色光照射到紫色表面时，由于没有紫色光可以反射，反而把黄色的投照光完全吸收掉，因此物体呈现偏黑的颜色。同理如果光源比日光暗，物体的色彩也呈现出差异性，例如同样的物体在日光下是物体色彩，而在月光

下，总带有青、绿色彩倾向，这是因为月光中青、绿、紫等色光成分多。

（二）固有色

指物体在正常的白色日光下所呈现的色彩特征。这是由于日常的生活经验积累，在我们的思维中便自然形成了对某一物体的色彩形象的概念，例如蓝天白云、红色玫瑰、绿色草地……。固有色是在正常光源下、一种相对恒定的色彩概念，这一概念的形成有助于使我们在生活中比较准确地表达某一物体的色彩特征。

由于季节、昼夜差别等因素，日光也在不停地变化，物体的色彩不免受到直接影响，例如夏季阳光色彩偏向红调，而冬季阳光色彩更偏向蓝调。同时物体的色彩因地点不同，还会受到周围环境中各种反射光的影响，例如白色衬衫在天光下是白色，而在晚上的俱乐部内因室内光线则呈现出丰富的色彩。所以物体固有色并不是恒定不变的，随着时间、地点、环境等变化而变化。在绘画界，注重表现自然光线、着力体现自然色彩的印象主义画家最早发现这一现象，他们反对以固有色的概念表现画面，认为色彩瞬息都在变化，必须从自然中观察、捕捉，才能画出真实的色彩气氛。

第二节　色彩的生理学原理

英国著名画家透纳（Joseph Marroad William Turner，1775－1851）认为："所谓色彩是一种物质，且是具有给眼睛带来各种刺激的物质。"人类生活在绚烂多彩的世界中，而视觉是人类与大千世界之间沟通的桥梁，一切物体的形状大小、空间位置、表面特征、色彩属性均通过视觉器官产生信息，反射到人脑，使我们对这个世界有了不同了解和认识。在所有人的感知中，色彩扮演着极其重要的角色，我们每天生活都离不开斑斓的色彩，同时感受色彩带给我们的快乐。

人类对于色彩的认识和感知离不开人类自身的视觉器官，事实上，世界上一切物体色彩的形成都由眼睛来完成，人眼可以分辨750多万种颜色，这其中包括色相识别约200万种、明度辨别约500万种、纯度识别70～170万种。① 现代科技研究证明：人类接受的信息88%来自于视觉，眼睛是人类获取外界信息最关键的器官。

一、人眼构造

（一）眼睛的主要组成部分

人的眼睛近似球形，位于眼眶内。眼球包括眼球壁、眼内腔和内容物、神经、血管等组织。眼球壁主要分为外、中、内三层。外层是坚韧的囊壳，起保护作用，由角膜、巩膜组成。中层又称葡萄膜、色素膜，具有丰富的色素和血管，由前向后分为虹膜、睫状体和脉络膜三部分。内层为视网膜，是一层透明的膜，也是视觉形成的神经信息传递的第一站，具有很精细的网络结构及丰富的

---

① 史林.高级时装概论.北京：中国纺织出版社，2002.

代谢和生理功能。(图1-4)

1. 角膜

俗称眼白。角膜是眼球表面的一层薄膜,其作用是通过对光线的折射而进入眼球成像。

2. 虹膜

又称彩帘。为一圆盘状膜,中央有一孔称瞳孔。虹膜有围绕瞳孔的环状肌,能收缩和放大瞳孔,虹膜通过瞳孔的收缩和放大控制光的进入量。例如光线强时,瞳孔就收缩到针头大小,以控制过多的光进入;光线弱时,瞳孔就放大以便进入更多的光。

3. 睫状体

它前接虹膜根部,后接脉络膜,外侧为巩膜,内侧则通过悬韧带与晶体赤道部相连。睫状体分泌房水,与眼压及组织营养代谢有关。睫状体也经悬韧带调节晶体的屈亮度,以看清远近物。

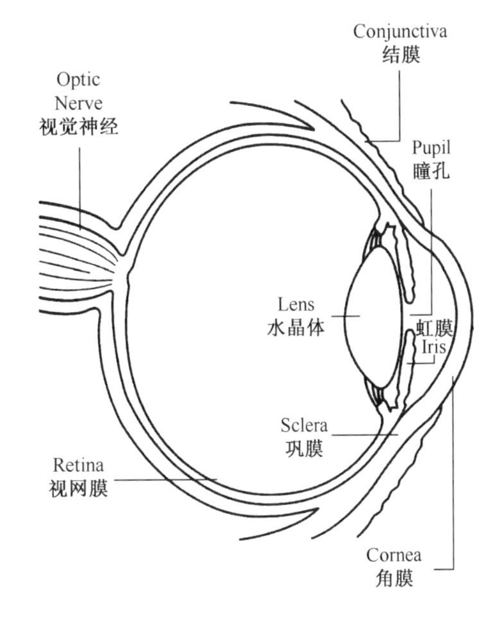

图1-4 人眼构造

4. 水晶体

人眼前部呈凸透镜形状的部位,位于睫状肌的环内。平时睫状肌处于舒张状态,晶状体在悬韧带牵拉下薄而扁平,能使平行光线成像于视网膜。看近时,由于物距小,眼内像距大,视网膜的物像就不清楚,因而引起睫状肌收缩,悬韧带变松,解除了对晶状体的牵拉,晶状体就以其弹性变凸、折光增强把超过视网膜的像距再调回到视网膜而看清。水晶体犹如透镜,具有调节焦距的功能。光透过水晶体的折射,将外界的影像聚焦在眼球后部的视网膜上。水晶体含有黄色素,其含量随着年龄的增加而增加,并影响着对色彩的视觉效果。

5. 玻璃体

为透明的胶状物,充满了晶状体与视网膜之间的空隙内,主要成分为水。玻璃体有屈光功能,并起支撑视网膜的作用。它为眼内成像提供了一个透明的空间,光只有通过玻璃体才能到达视网膜。玻璃体带有色素,这种色素随着年龄和环境的不同而变化。

6. 视网膜

是一透明的薄膜,在眼球内侧。它是眼球的感光部位,具有视觉接受功能,物体在视网膜上形成倒立的影像。

7. 中央凹

位于视网膜的上方,它是看到物体最清晰的位置。物体影像离开中央凹越远,越显得模糊。

8. 黄斑、盲点

黄斑位于视网膜后部的一椭圆形凹陷区,直径约为1至3毫米。黄斑稍呈黄色,是视网膜上视觉最敏锐的特殊区域,即视锥状体细胞和视杆状体细胞最集中的地方。黄斑区很薄,此处主要为视锥细胞。黄斑鼻侧约3毫米处有一直径为1.5毫米的淡红色区,为视盘,亦称视乳头,是视网膜上视觉纤维汇集向视觉中枢传递的出眼球部位。视盘多呈垂直椭圆形,为神经纤维组合的传递束开端,无感光细胞,故视野上呈现为固有的暗区,称生理盲点。

9. 视神经、视路

视神经是中枢神经系统的一部分。视网膜所得到的视觉信息,经视神经传送到大脑。视路是指从视网膜接受视信息到大脑视皮层形成视觉的整个神经冲动传递的路径。

(二) 视锥状体细胞和视杆状体细胞

在白天光线下,人眼可以同时识别彩色与非彩色的物体,而在间或暗处人眼便无法感觉彩色,仅能辨别白色和灰色。这是因为人眼上有两种视觉细胞:视锥状体细胞和视杆状体细胞,它们在视觉功能上具有不同的作用。视锥状体细胞不但可以接受色彩的刺激,还可以感受亮度的刺激。一旦光线变暗,这类细胞即失去感光作用,视觉功能由杆状细胞取代。(图 1-5)

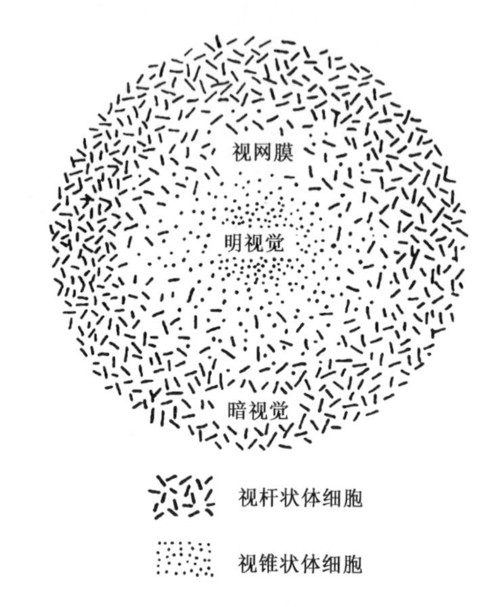

图 1-5 视锥状体细胞和视杆状体细胞

1. 视锥状体细胞

亦称锥体细胞。核大而染色浅,外侧突呈圆锥状。人的视网膜内约有 600 ~ 800 万个视锥状体细胞,主要分布于眼球的内侧视网膜的上方,这里是看到物体最清晰的位置。

色彩信号主要由视锥状体细胞完成,因为它能感受色觉,成像清晰,色彩分辨率高。视锥状体细胞具有感受红、绿、蓝三种颜色的视色素的能力,分别对红、绿、蓝三原色光波敏感。当它们同等地受到刺激时,来自各方面的神经冲动在视皮质的综合下即形成白色感觉;其中任一种单独受刺激时,即得相应的色觉;三种物质受到不同比例的合并刺激时,即可形成各种色觉。

2. 视杆状体细胞

亦称杆体细胞。细胞细小,核小而圆,且颜色较深,主要集中在中央窝内。视杆状体细胞约有 12 000 万个,主要分布于视网膜的边缘。视杆状体细胞是感受弱光刺激的细胞,细胞内含有一种被视为视紫红质的物质,在光线昏暗条件下尤其敏感。视杆状体细胞只能感受光的明暗程度,而不能分辨光的颜色,因为视杆状体细胞没有彩色的感光蛋白,但它具有视物的能力和分辨明暗能力。当物体处于弱光照度情况下,视锥状体细胞不能正常反应,视杆状体细胞便发挥其功效,如夜间较暗处能大体分辨出物体的大致轮廓。

二、视觉形成

视觉形成是人眼各部分共同协调的结果。人眼适宜刺激的是 380 至 780 μm 波长的电磁波,外界光刺激通过角膜进入眼球,经过虹膜,虹膜瞳孔控制摄入的光线量并随着光线强度变化而变化,起到照相机光圈的作用。光线通过水晶体和玻璃体投射到达视网膜,形成倒立的影像。水晶体和玻璃体都有不同的折射率,使视网膜得到清晰的图像。

人眼好比照相机,是凸透镜成像,物距与眼内像距成反比。看远时物距大,入眼光线是平行光,通过眼球的屈光系统曲折后不用调节恰好成像于正常眼的视网膜上。看近时物距变小,入眼光线是发散的，使眼内像距增大，视网膜的像就不清楚，引起反射性的睫状肌收缩，使晶状体曲率增大、折光力增强，同时两眼视轴汇聚，瞳孔收缩，这一系列的连动，生理学上称同步性近反射调节。通过这一系列的反射不仅能在视网膜上形成清楚的物像，还可成像到两眼视网膜的对称位置上，被视网膜的感光细胞感受后由视神经传到大脑就形成了视觉。

人的眼球与大脑构成色彩视觉系统，因眼球有折光功能，所以能使射入眼内的可见光汇聚在视网膜上。视网膜上含有可感光的视锥状体细胞和视杆状体细胞，他们共同完成物体的色彩关系和明暗度的视觉感受。这些细胞将接受到的色光信号传送至视神经细胞，再由视神经传送至大脑皮层枕叶视觉中心神经，使眼睛得到色彩感觉。如果色光信号不能落在感光细胞所在的视网膜上，而落在视网膜前面则是近视眼，落在视网膜后面则是远视眼。

人类对于世界的感知和认识不是来自造型，而是来自于色彩，随着年龄的增加而对色彩产生不同的理解。婴儿出生时由于视力发育还未成型，不能辨别色彩。过了约 10 个月，色觉逐步形成。小孩 1 岁左右能完全具有对色彩的视觉能力，4 至 6 岁左右基本能准确分辨红、黄、蓝、绿等纯色，而对混合色和复色还辨别不清，因此童装色彩主要以浓重的艳色为主。在 12 岁左右，人对于色彩的认识逐渐完善，无论是纯色，还是复色都能准确辨别区分。30 岁开始视觉能力逐步衰退，对色彩的敏锐感觉不如以前，50 岁后更加明显，这就是许多油画家到了晚年改行画国画的原因。

本章小结

本章主要介绍与色彩相关的物理学和生理学原理，包括光、光源、色光波长、光传播形式、人眼构造等知识、这有助于我们更好了解色彩世界的形成、理解人的视觉与光的关系，并为学习色彩的基本知识打好基础。

思考与练习

1. 理解光、光源、色光波长概念。
2. 什么是光的传播形式，它有哪几种？
3. 什么是物体色和固有色，并举例说明。
4. 理解人眼睛的主要组成部分。
5. 什么是视锥状体细胞和视杆状体细胞？
6. 视觉是如何形成的？

第二章 色彩的基本知识

大千世界里，五彩缤纷，色彩多到难以计数。但无论环境如何千变万化，色彩都离不开两大范畴，即色彩学中的色彩两大分类：一是无彩色，即黑、白、灰，也称没有色彩的颜色。无彩色在服装色彩设计中并非可有可无，而是通过与其他色彩的相互组合、搭配取得同样具有重要的地位；二是有彩色，相应称之有色彩的颜色，如红、橙、黄、绿、青、蓝、紫等，这些颜色通过与黑和白的不同程度的混合就产生无数的有彩色。

第一节　色彩的三属性

认识色彩，学习色彩，必须从了解色彩的性质开始，即色相、明度和纯度，这就是通常称为的色彩三属性。

一、色相(Hue)

色相顾名思义就是色彩的相貌、长相，它是色彩的最大特征，它是色彩的一种最基本的感觉属性，简称H。在人类最初使用色彩时，为了使其区分，对每一种颜色都有“约定俗成”的称呼，因此就有了我们色彩体系中的红、橙、黄、绿、青、蓝、紫等无数相貌的色彩，即色相。

德国文学家歌德曾对色彩进行了深入的研究，在其著作《色彩学》中阐述了三原色(红、黄、青)之间的关系。同时歌德还以实验证明了黄色和青色、红色和绿色、橙色和紫色这三组对比色，并形成了歌德六色色相环。

二、明度(Value)

明度即色彩明暗深浅的差异程度，它是那种使我们可以区分明暗层次的非彩色的视觉属性，简称V，这种明暗层次取决于亮度的强弱。明度是色彩的固有属性。在可见光谱中，由于波长的不同，黄色处于光谱的中心，最亮，明度最高；紫色处于光谱边缘，显得最暗，明度最低。

同一种色彩，也会产生出许多不同层次的明度变化。如深红与浅红，深蓝与浅蓝，含白越多，则明度越高；含黑越多，则明度越低。在无彩色系中来比较，明度最高的是白色，明度最低的是黑色，同样在黑白之间也会产生各种不同深浅的灰色。

三、纯度(Chroma)

纯度是色彩的饱和程度或色彩的纯净程度，它是那种使我们对有色相属性的视觉在色彩鲜艳程度上作出评判的视觉属性，又称为彩度、饱和度、鲜艳度、含灰度等，简称C。纯度是色彩含灰多少的反映，纯度越高，色彩越鲜艳，含灰越少；反之，纯度越低，色彩越浑浊，含灰也越高。

四、色相环

将可视光谱两端闭合即形成色相环，其中红、橙、黄、绿、青、紫六色组成了色彩的基本色相，将它们依波长秩序排列可形成像光谱一样美丽的色相系列。在色相环上通过把纯色色相等距离分割，便形成6色相环。如果在色彩之间将其均等混合，即产生这两色的中间色，以此类推即可产生12色相环，(图2-1)从中可以清楚分辨出色相的三原色(红、黄、蓝)，以及衍生出的间色(橙、绿、紫)和复色。24色相环、36色相环、48色相环等的制作也采用这种方法。

18世纪，英国著名科学家牛顿首先创建了色相环，列出了色相的基本秩序，这有助于我们观察和理解物理世界，牛顿之后的所有色相环都依据色相理论。(图2-2)

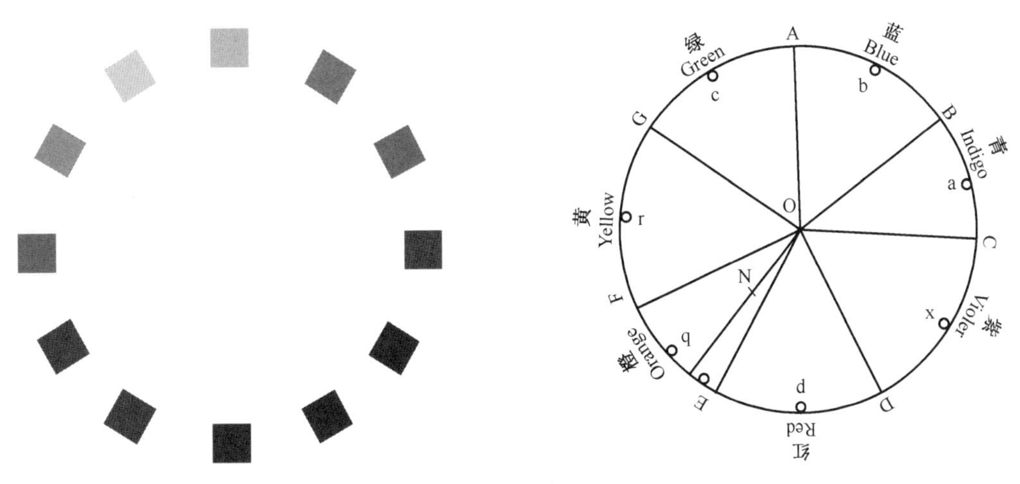

图 2-1　12 色相环

图 2-2　牛顿色相环

五、色彩的三维空间

色彩的三维空间以色锥体形式表达，外形呈纺锤体，将色彩三个基本属性——色相、明度、纯度完整表现出来。

纺锤体的垂直轴上下两端分别代表纯白和纯黑，中间为明度不同的灰色，从白色开始由浅到深，直至另一端的黑色，从而组成白黑系列。垂直轴两端的纯白和纯黑均是明度极端现象，表明色彩完全失去其色相。纺锤体中部圆周表示色相，代表着光谱上各不相同的色相——红、橙、黄、绿、青、蓝、紫，纯度最高，圆心是灰色。在由圆心到圆的横截面上，所有颜色其明度是相等的，而灰度各不相同，即颜色从圆周至圆心平行移动，色彩纯度由于渗入不同程度的灰色而逐渐降低，直至最灰。同理，圆周上的颜色向上或向下移动，由于渗入不同程度的白色或黑色，明度在提高或降低，而纯度则在降低。

第二节　有关色彩的称谓

有关色彩的称谓有如下几个：

一、原色

原色亦称第一次色，即指能混合成其他色彩的原料。红、黄、蓝这三色被称之为色彩的三原色，这三种颜色是调配其他色彩的来源。

二、间色

间色亦称第二次色，是两种原色调和产生的色彩，如红 + 黄 = 橙、黄 + 蓝 = 绿、红 + 蓝 = 紫等。

三、复色

复色亦称第三次色，是一种原色与一种或两种间色相调和，以及两种间色相调和的色彩。由于周围环境色彩的影响，世界上可见色彩中复色占据较大比例。

四、补色

补色又称互补色。三原色中的一原色与其他两原色混合成的间色关系，即互为补色的关系，如原色红与其他两原色黄、蓝所混合成的间色绿，为互补关系。黄色和紫色（红色与蓝色的混合色）、蓝色和橘色（红色与黄色的混合色）也是同样道理。红与绿、黄与紫、橙与蓝构成12色相环上最基本的6对互补色关系，如果色相环颜色增加至24、48、72等，那么成互补关系的色彩对数随之增加到12、24、36等。

五、色调

色调是指色彩的基本倾向，是色彩的整体外观的一个重要特征，是色相、明度、纯度三要素综合产生的结果。

色调按色相环上的色相可分为红色调、橙色调、黄色调、绿色调、青色调、蓝色调、紫色调等。如果将明度分为九个等级，依次可分为：1至3为低明调、4至6为中明调、7至9为高明调（图2-3）；如果将纯度分为九个等级，1至3为低纯度、4至6为中纯度、7至9为高纯度（图2-4）。依据色彩的冷暖可分为冷色调和暖色调。（图2-5）（表2-1）

图2-3 明度级差

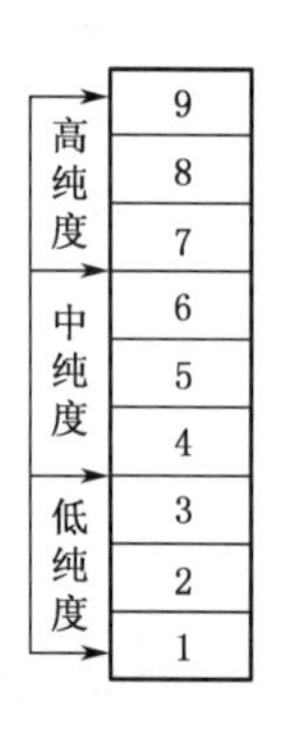

图2-4 纯度级差

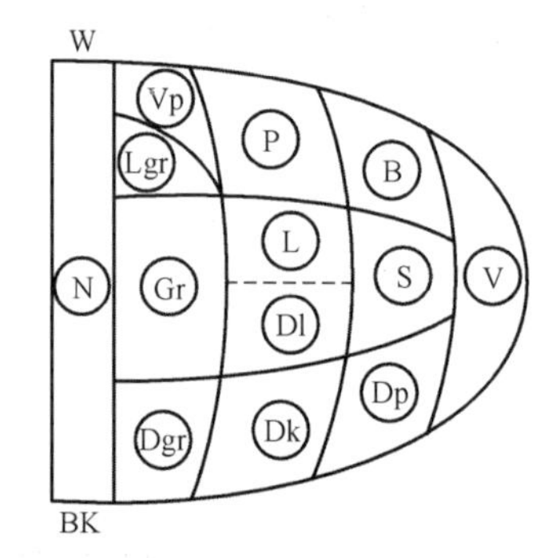

图2-5 色调对应位置

表2-1 色调的名称

色调名称	英文名称	色调名称	英文名称
抢眼色调，最强的色调	Vivid(V)	灰色调	Grayish(Gr)
强烈色调，最鲜艳的色调	Strong(S)	浅暗色，暗淡稳定的色调	Dull(D)
鲜明色调，明亮清澄的色调	Bright(B)	深色，深浓的色调	Deep(Dp)
明亮色调，明亮稳定的色调	Light(L)	深暗色，偏暗的重色调	Dark(Dk)
淡色，明亮的淡色调	Pale(P)	暗灰色，偏暗的灰色调	Dark grayish(Dgr)
明亮的淡色，非常明亮的淡色调	Very pale(Vp)	无彩色调，黑、白、灰无彩色调	Neutral(N)
亮灰色，明亮的灰色调	Light grayish(Lgr)		

六、色彩的种类

人类视觉所能观察到的色彩从宏观上可分为有彩色系和无彩色系两大门类，两者构成了色彩的完整体系。

（一）有彩色系

有彩色即色彩具有色相、明度、纯度三种属性，是色彩体系中的主体部分。在可视光谱中，红、橙、黄、绿、青、蓝、紫七色为基本色，通过这些色彩互相之间不同程度的混合，产生出无数新的色彩，色彩之间进行周而复始混合使色彩趋于接近无彩色，但就其实质而言，这些都属于有彩色系范畴。

（二）无彩色系

无彩色不具有色相和纯度，只有明度变化的色彩，基本色是黑白，通过黑白色调和形成的各种深浅不同的灰色系。

第三节　色彩的混合

色彩的混合即是将两种或两种以上的颜色混合在一起，构成与原色不同的新色。色彩混合是构成绘画和设计的最初感觉，如19世纪80年代后期新印象主义画运用合乎科学的光色规律，以点状笔触将无数小色点并置，使观者混合色彩，创作大量的点彩派绘画。各类工业产品的色彩都是通过色彩混合调出来的。（图2-6）

图2-6　点彩派画家乔治·修拉著名的画作《大碗岛的星期天下午》

色彩混合通常可归纳为三大类:加色混合、减色混合、中性混合。

一、加色混合

即色光混合,其特点是把所混合的各种色的明度相加,混合的成分越多,混合的明度就越高。将红、绿、蓝三种色光作适当比例的混合,几乎可以得到光谱上全部的色。这三种色由其他色光混合无法得出,所以被称为色光的三原色。红光和绿光混合成黄光,绿光和蓝光混合成青光,蓝光与红光混合成品红光。混合得出的黄、青、品红为色光的三间色,如用它们再与其他色光混合又可得出各种不同的间色光,全部色光则混合成白色光。当不同色相的两色光相混成白色光时,相混的双方可称为互补色光。(图 2-7)

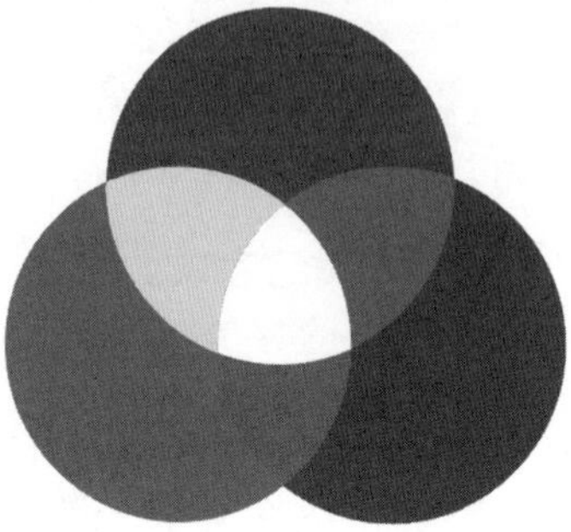

图 2-7 加色混合

二、减色混合

减色混合通常指物质的、吸收性色彩的混合。其特点正好与加色混合相反,混合后的色彩在明度、纯度上都有所下降,混合的成分越多,混色就越暗越浊。这是因为在光源不变的情况下,两种或两种以上的颜色混合后,相当于白光中减去了各种颜料的吸收光,而剩余的反射光就成为混合后的颜料色彩。混合后的颜色增强了对光的吸收能力,而反射能力则降低。所以参加混合的颜色种类越多,白光被减去的吸收光也越多,相应的反射光就越少,最后呈近似黑灰的颜色。减色混合分颜料混合和叠色两种。(图 2-8)

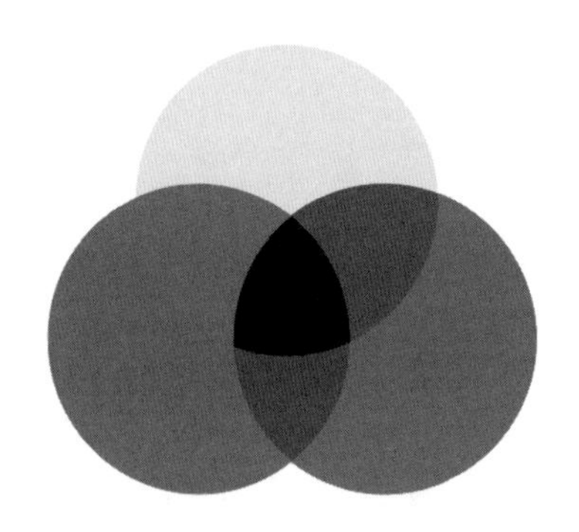

图 2-8 减色混合

(一) 颜料混合

平时生活中使用的颜料、染料、涂料的混色都属此列。将物体色品红、柠檬黄、青三色作适当比例的混合,可以得到一切颜色。这三种色无法由其他色混合得出,所以被称为物体色的三原色。三原色分别两两相混,得出橙、黄绿、紫称为三间色,它们再分别混合可得棕、橄榄绿和咖啡色,称为复色。三种颜色一起混合则成灰黑色。科学家认为人眼所能分辨的色彩超过 17 000 种。

(二) 叠色

指当透明物叠置从而得到新色的混合。如图 2-9 红色的横向条纹看上去好像叠加在青绿色的竖条色上,混色区域的横向边界十分明显,竖向边界则很模糊。视觉上青绿色似乎位于红色之下。同时,最右侧色样的竖向边线清晰而横向边线模糊。混色倾向于青绿色,而且青绿色似乎位于红色之上。中间色彩则是左右两端的综合平衡,很难分辨哪一色在上、哪一色在下。图下的黄与青绿色同样反映这一感觉。(图 2-9)

图 2-9 叠色效果

与颜料混合一样,透明物每重叠一次,可透过的光量会随之减少,透明度下降,且所得新色的色相介于相叠色之间,并更接近于面色(面色的透明度越差,这种倾向越明显),叠出新色的明度和纯度同时降低。双方色相差别越大,纯度下降越多。但完全相同的色彩相叠出的新色之纯度却可能提高。

三、中性混合

中性混合与色光混合类似,也是色光传入人眼在视网膜信息传递过程中形成的色彩混合效果。中性混合与加色混合的原理一致,但颜料和色光不同,加色法混合后的色光明度是参加混合色光的明度总和,而颜料在中性混合后明度等于混合色的平均值,既不像加色混合那样越混越亮,也不像减色混合越混越暗,且纯度有所下降。混合过程既不加光,也不减光,因此称为中性混合。

中性混合包括旋转混合与空间混合两种。

(一) 旋转混合

将几种颜色涂在圆形转盘上,并通过使之快速旋转而达到各种颜色相互混合的视觉效果。这样混合起来的色彩反射光快速地同时或先后刺激人眼,从而得到视觉中的混合色,此种色彩混合被称为旋转混合。如旋转红和黄的色纸,可以看到橙色。(图2-10)

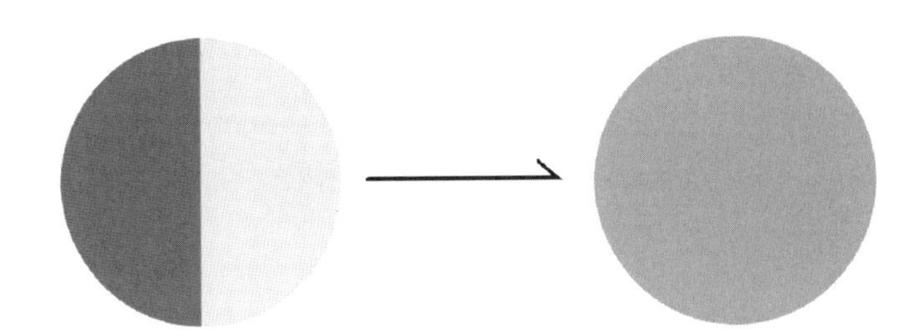

图2-10 旋转混合

(二) 空间混合

将两种或两种以上的颜色并置在一起,通过一定的空间距离,在人视觉内达成的混合,称空间混合,又称并置混合。其颜色本身并没有真正混合,而是必须借助一定的空间距离。

将两种颜色直接相混所产生的新色与空间混合所获得的色彩感觉是不一样的,空间混合与减色混合相比明度显得要高,近看色彩丰富,效果明快响亮,远看色调统一,容易具有某种调子的倾向性,富有色彩的颤动感和空间的流动感。变化混合色的比例,可使用少量色得到配色多的效果。

色彩并置产生空间混合效果是有条件的:一是用来并置的基本形,排列得越有序,越密集,形越细,越小,混合的效果越明显。二是观者距离的远近,空间混合制作的画面,须在特定的距离以外才能产生视觉效果。用不同色经纬交织的面料属并置混合,其远看有一种明度增加的混色效果。印刷上的网点制版印刷,用的也是此原理。法国后期印象派画家的点彩画派就是在色彩科学的启发下,以纯色小点并置的空间混合手法来表现,从而获得了一种新的视觉效果。

第四节　色立体

色彩的三属性是相互依存，相互制约，三位一体的，具有三维空间关系。这种关系以平面的形式是难以说明的，只能借助于三维空间，采用旋转直角坐标的方法，以立体的形式，即所谓“色立体”来表现。

一、色立体结构原理

色立体是以旋转直角坐标的方法，组成一个类似地球仪的模型。通常是纵轴表示明度等级，北极表示白色，南极表示黑色，球心为灰色，中间段落为由浅至深的过程。横轴表示纯度等级，外段是纯色系，中点处为纯色和灰的混合色，中间段表示由纯色至混合色的混合过程。北半球为明色系，南半球为暗色系，赤道线表示色相环的位置，球表面是纯色和以纯色加黑或白形成的清色系，球内部为纯色加灰后形成的浊色系。与中心轴垂直的圆直径两端色彩为补色关系。

二、色立体种类

色彩体系即是将色彩按一定的尺度进行归纳和创造并形成整体性、体系性。常用的色彩体系有蒙赛尔色彩体系、奥斯瓦尔德色彩体系和日本 PCCS 色彩体系等。

（一）蒙赛尔色彩体系（Munsell Colour System）

由美国色彩学家艾尔伯特·蒙赛尔（Albert H Munsell，1858－1918 年）于 1905 年发表，最初用于辅助教学，后经美国光学会（O. S. A）修改，成为改良型蒙赛尔色彩体系。目前广泛用于产业界。（图 2-11）

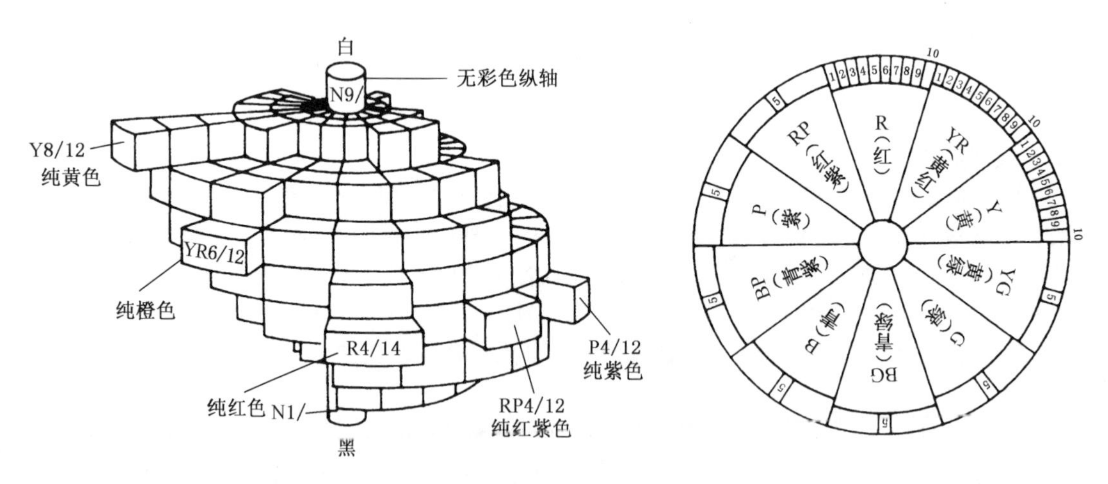

图 2-11　蒙赛尔色彩体系

在蒙赛尔色彩体系中，色相以 H（HUE）表示，色相环选择了红（R）、黄（Y）、绿（G）、青（B）、紫（P）5 个主要色相，中间色相为黄红（YR）、黄绿（YG）、青绿（BG）、青紫（BP）、红紫（RP）。色相环分为 10 个色区，每个主要色相又细分为 10 个色阶，如红（R）标为 1 R，2 R、……10 R，这样共有 100 个色相刻度。其中,刻度 5 或 5 的倍数的色相为主要色相,用作标准色,又叫正色,如 5 R 是红色,为主要色相(正红),2 R 则是接近红紫的红色,8 R 表示接近黄红的红色。10 个色阶又各自分为 2.5、5、7.5、10 共 4 个色相编号,形成 40 个色相,色相排列顺序则是按光谱色作顺时针方向系列排列。

蒙赛尔色彩体系与早期的色立体结构相似,明度级差位于中轴,颜色依次排列在以此为轴心的色相环上,纯度由内向外逐步增高,直至纯色。中心轴为黑—灰—白的明暗系统,以此作为彩色系的明度标尺。黑为 0 级,白为 10 级,中间 1 ~ 9 级是等分明度的深浅灰色。无彩色的黑、灰、白组成的中心轴以 N 为标志,黑以 B 或 BL、白以 W 为标志。自中心轴向外围的横向水平线(与中心轴垂直)构成了纯度轴,以渐变的等间隔分为若干纯度色阶等级,中心轴纯度为 0,横向越接近外围,其纯色就越高。(图 2-12)

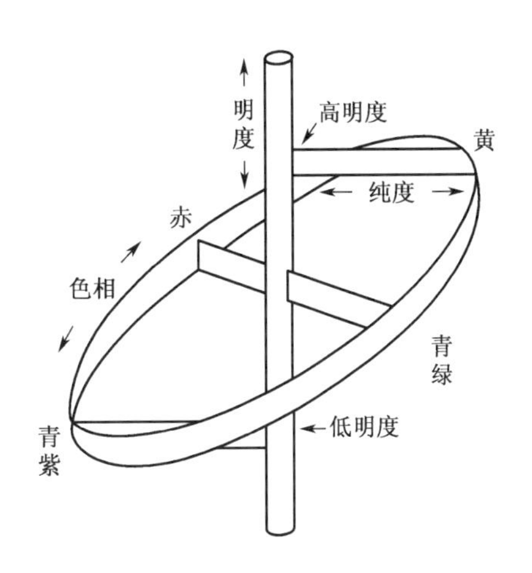

图 2-12 蒙赛尔色立体

蒙赛体系的表述方法是以色彩属性为基础,其色彩记号是色相、明度/纯度(HV/C)。由于各色相的明度、纯度值不一,即与中心轴水平距离长短不等,形成不规则的球体形状。

10 个标准色相的纯色标识符号是:红—5R4/14、黄—5Y8/12、绿—5G5/8、青—5B4/8、紫—5P4/12、黄红—5YR6/12、黄绿—5YG7/10、青绿—5BG5/6、青紫—5BP3/12、红紫—5RP4/12。

(二) 奥斯瓦尔德色彩体系(Ostwald Colour System)

威尔黑姆 · 奥斯瓦尔德(Wilhelm F Ostwald,1853 - 1932 年)是一位德国化学家,1909 年获诺贝尔化学奖。他于 1921 年出版了《奥斯瓦尔德色谱》,发表了独创的色彩体系。奥斯瓦尔德色立体以龙格模型为基础,采用四种原色,在红色、黄色和蓝色之外又添加绿色作为生理四原色。24 级差色相环的采用则提供了更多等分可视级差。奥斯瓦尔德认为色彩可分为相关色(related colour)与非相关色(unrelated colour)。发光体自行产生色光,为非相关色。物体表面的颜色因反射光而来,为相关色。他采用色相、明度、纯度三属性,构建出奥斯瓦尔德色彩体系。(图 2-13)

奥斯瓦尔德色立体为组合两个正圆锥体的构造,其截面为白、黑、纯色为顶点的三角形。色相环位于圆周,色立体的中轴是非彩色明度级差,轴顶为白色,轴底为黑色。纯色位于复圆锥体表面,并进行明度变化,由圆周到顶部明度依次增高,变为浅色,由圆周到底部明度依次降低,变为暗色。(图 2-14)

奥斯瓦尔德色相环由 24 个等色相三角形组成,每个三角形共分为 28 个菱形,每个菱形都附以记号,用以表示该色标所含白和黑的量,如某纯色色标为 nc, n 是含白量 5.6%, c 是含黑量 44%,其包含的纯色量为:100 -(5.6 +44) =50.4%。色相环直径两端互为补色关系,如红与绿、黄与蓝,中间加入色相后,以黄、橙、红、紫、群青(UB)、绿蓝(T)、海蓝(SG)、叶绿(LG)为 8 个基本色相,各色相又 3 等分,形成 24 色相,按顺时针方向从黄至叶绿以 1 ~ 24 的编号标定各色相。

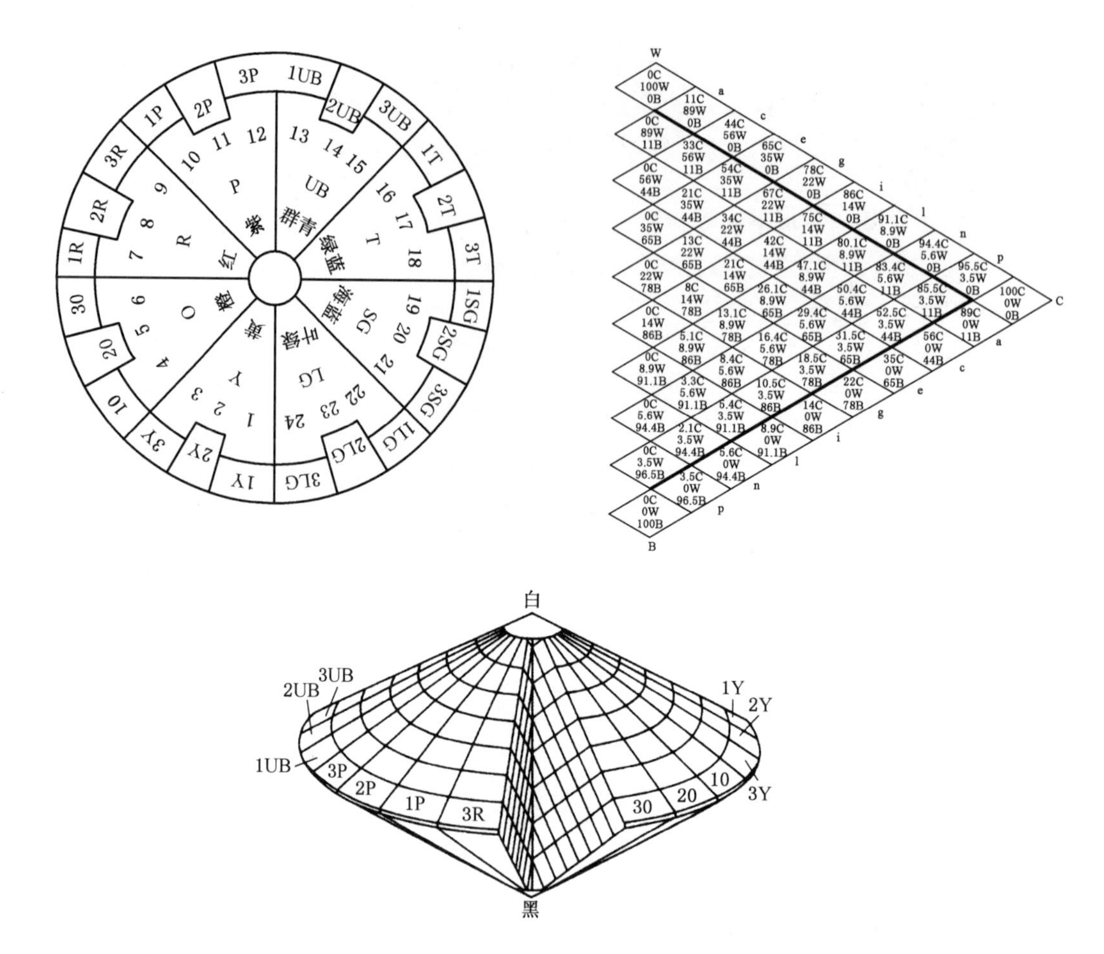

图 2-13　奥斯瓦尔德色彩体系

奥斯瓦尔德色彩体系的明度中心轴定为 8 级，分别以 a、c、e、g、i、l、n、p 表示。每个字母均表示一定的含白量和含黑量：a 的含白量最高，含黑量最低；p 的含黑量最高，含白量最低。各色在表示上包含色相号码、白色量、黑色量三个部分，例如深咖啡色为 5 pl，即色相 5，白色成分 3.5，黑色成分 91.1，纯色成分 5.4。

（三）日本 PCCS 色彩体系

PCCS 色彩体系是日本色彩研究所研制，于 1965 年在日本正式发行，它是以美国蒙赛尔色彩体系、德国的奥斯瓦尔德色彩体系为基础，综合其长处和模式改良再发展的。该色立体的明度色阶位于色立体的垂直中心轴。黑色设为 10，白色为 20，其中有 9 个阶段的灰色系，共有 11 个等级。

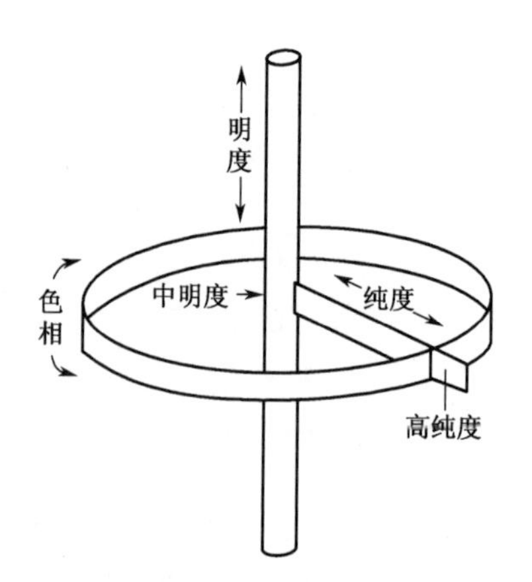

图 2-14　奥斯瓦尔德色立体

PCCS 色彩体系最大的特点是将色彩的三属性关系，综合成色相与色调两种观念来构成色调系列的。从色调的观念出发，平面展示了每一个色相的明度关系和纯度关系，从每一个色相在色调系列中的位置就可以明确地分析出色相的明度、纯度的含量。整个色调系列以24色相为主体,分别以纯色系、清色系、暗色系、浊色系等色彩关系构成九组不同色彩基调。设定为:纯色调、明色调、中色调、暗色调、浊色调、明灰调、中灰调、暗灰调。

本章小结

本章主要从色彩的三属性、有关色彩的称谓、色彩的混合、色立体四个方面介绍了色彩的相关概念,这是构成色彩设计的基本知识,缺一不可。理解和掌握这些色彩概念可以为学习服装色彩设计作铺垫,在具体色彩搭配中体会其含义。

思考与练习

1. 什么是色彩的三属性,色相环是如何形成的?
2. 理解色彩的原色、间色、复色、补色和色调概念。
3. 什么是有彩色系和无彩色系?
4. 什么是加色混合、减色混合、中性混合?
5. 蒙赛尔色彩体系是如何构造的?
6. 奥斯瓦尔德色彩体系是如何构造的?

第三章 服装色彩与视觉心理

服装设计的三要素为面料、色彩、款式。当服装呈现在观众面前,衣服色彩对视觉认知的传达速度最快,所以这三要素中首先映入眼帘的就是色彩。色彩作为服装美学的重要构成要素,将其适当地搭配处理就成了服装设计中的主要任务之一。就服装设计而言,色彩是视觉中最具感染力的语言,适当的色彩效果不仅会改变原有的色彩特征及服装风格,产生新的视觉效果,还会体现出人物的精神风貌甚至时代特色。

服装色彩的设计,包括对组成服装的色彩的形状、面积、位置的确定及其之间相互关系的处理,根据穿着对象特征进行色彩的综合考虑与搭配设计。一方面,服装整体诸要素的搭配,如上下衣、内外衣、衣服与鞋、帽、包等配饰、面料与款式、衣服与人、衣服与环境等,它们之间除了形、材的配套协调外,最终的整体表现效果都要通过色彩的对比或调和,如主次、多少、轻重、进退、浓淡、冷暖、鲜灰等关系体现出来;另一方面,服装色彩是通过服装来表现的,服装造型直接影响到色彩的表现,色彩的传达效果又离不开面料的肌理,服装色彩设计无法被孤立地从服装造型或材质中抽离,而是应当和服装整体所要传达的意念保持协调一致。服装色彩还要受到流行趋势、穿着对象和环境场合等诸多因素的影响,对服装色彩的研究跨越了物理学、心理学、设计美学、社会学等多个学科,因此服装色彩设计是一项复杂的工作。

第一节 服装色彩综述

就广义而言,服装色彩设计不只是简单的色彩组合,而是融入社会意识、文化艺术、宗教信仰、消费市场、气候环境等诸多因素。

一、时代性

一个时代有一个时代的风貌,每一时代的流行都会留着逝去年华的遗迹,也会绽放未来风格的萌芽,但总会有某种风格为该时代的主流。作为风格的一个组成部分,服装色彩能恰如其分地展现这一时代特征,橘黄、嫩黄、果绿代表着20世纪60年代精神,炭黑、深灰是20世纪80年代职业女强人的最佳诠释。

服装色彩的时代特征有时笼罩着极强的政治色彩,如2001年在纽约发生的“9·11”事件后,即时行乐和世界末日两种情绪充斥着服装界,所以T台上出现了格调欢快、色彩热烈的波西米亚风格,同时带沉闷、神秘、恐惧色彩的哥特风格也登场。

服装色彩有时标志着同时期的科技与工业发展水平,工业化的快速推进使人们对色彩的观念发生了根本的改变。1961年4月苏联宇航员加加林乘坐“东方1号”宇宙飞船进入太空,完成人类历史上首次载人宇宙飞行。紧接着1969年7月20日,美国宇航员阿姆斯特朗和奥尔德林乘“阿波罗11号”宇宙飞船首次成功登上月球。这两大事件使银河系、宇航员等成为设计师的灵感,在T台上刮起了闪光的金属色彩旋风。

此外,服装色彩在某些时期同样也受社会文艺思潮、道德观念等诸要素影响,并受其审美意识制约,如20世纪60年代波普艺术形式流行,带动了波普风格服装的兴起,带有视觉流动感的色彩成为设计主旋律。(图3-1)

图3-1 意大利品牌 Clips 2007 年春夏推出的具20世纪60年代特征的女装

二、象征性

色彩的象征性是指色彩的使用牵涉到与服装关联的民族、时代、人物、性格、地位等因素。色彩在传统意义上具有强烈的象征意义,如秋天的橘黄色和春天的嫩绿,这类象征具有普遍性。此外色彩的象征性还具有国家、地域的局限性,如色彩往往是民族精神的象征,但不同的民族有不同的色彩崇拜，从各国的国旗色彩即可体会出各国对色彩的喜好，德国的黑、红、黄国旗即表达了日耳曼民族理智沉着的秉性，相反法国的红、白、蓝国旗则将法兰西热情奔放的民族性格显露无遗。色彩的象征含义随着时间的推移也会发生相应变化，这取决于观赏者欣赏口味的改变。

服装色彩是穿着者个性、品位的最好体现，不同的个性皆由不同的服装色彩表达，并形成强烈的象征性，如红色服装代表着炽热、奔放，蓝色服装代表着冷静、果敢。此外，一些特殊性质服装其色彩往往带有很强的象征性，如婚纱一般采用白色，象征着纯洁、无暇。相反作为丧葬用的黑色则是凝重、深沉的表现。

三、流动性

服装与服装色彩的载体是充满了生命活力的人，他们从早到晚不停地运动着，服装色彩会随着人的活动而进入各种场所，与那里的环境色彩共同构成特有的色调和气氛。服装色彩设计中将穿着的地点、环境作为设计构思的一个方面，以流行色彩的形式体现出来。同时色彩本身也具有流动性，表现为流行色。流行色真正含义在于其不确定性，并随着时间的变化而变化，每年都有新的流行色推出，这些色彩是在前季流行基础上经调研、研究后得出。虽然短时间色彩变化幅度较小，但在一段长时间内可以发现流行色彩的明显变化。

四、审美性

服装上的色彩并不具有真正"掩形御寒"的实用功能，而是对人们爱美的心灵传递，设计师运用形式美理论，将色彩巧妙搭配组合，使人产生愉悦的心情。人类开始使用色彩大约在15至20万年以前的冰河时期，早期人类有意识地使用红土、黄土涂抹到自己的面部和肢体，也涂染劳动工具。据考证，人类对色彩使用首先基于审美上的装饰效果。如今服装色彩所产生的视觉效果和精神作用更为明显，它是人们的审美观念和价值取向的直接反映。

每种色彩在服装上都具有不同的审美特征，能展现出不同的视觉效果。例如粉红色最具女人味，体现纯真、柔美，所以适用于婚纱，旨在营造浪漫氛围；而黄色具有欢快、自由的审美特征，因此适合运动风格服装的表现；烟灰色高雅、脱俗，用于职业女性服装则别具一格。

五、功能性

服装色彩的功能性体现在某些特殊行业的特殊需求，即通过色彩运用增强其识别性，使之一目了然。例如，海上救生衣采用醒目的橘红色，以明显区别周遭的环境色彩；医院的护士服采用柔和洁净的白色或粉色调，起到静气宁神的作用，俗称"白衣天使"；我国邮递员衣服的绿色是邮政专用标志，同时象征和平、青春、茂盛和繁荣。

不同的厂矿企业、宾馆、饭店都有不同的色彩作为企业标识，这已成为现代企业形象和企业文化的一种体现，不同的服装色彩能传递出各自不同的企业形象，如UPS快递的鲜黄色、肯德基快餐的大红色、星巴克咖啡的墨绿色等。

六、季节性

一年四季，冷暖交替，刺激着人们生理与心理的相应变化，服装色彩也随着季节的更替而不

断变化：春夏季阳光明媚，百花齐放，此时服装色彩以明亮艳丽的居多，如粉色调和各类纯色；而秋冬季气候趋于严寒，色彩多偏向中性、灰暗或暖调的服色。正因四季气候变化使设计师有了表现天地，一年中春夏和秋冬两季的服装发布会往往成为流行风向标，其中色彩又是流行变化的主要表现。

七、宗教性

色彩与宗教紧密相连，各具特色的宗教对服装色彩产生了深远的影响，各类宗教的不同教义既体现在建筑、室内装饰、日用对象，也反映在服装颜色使用上。

（一）佛教

在佛教中，金黄色是最为珍贵的颜色，金黄色象征着释迦牟尼佛光普照。金黄色象征神圣和信仰，寺庙里的佛像、重要法器（灵塔、酥油灯、法轮等）、屋顶琉璃瓦均用金黄色。和尚所穿袈裟则为鲜亮的明黄色和沉稳的暗红色。除了黄色外，白色在佛教中含有神圣之意，佛祖释迦牟尼的使者——象、牛均为白色。

在藏传佛教中色彩被赋予不同含义。按佛理的三界，红色表示"赞界"，为中性和阴性；白色表示"天界"，为阳性；蓝色表示"绿界"，为阴性。白蓝红黄分别代表东南西北四个方位。

（二）基督教

在基督教中色彩运用非常广泛，并且具有一定的象征性，其中金色和紫色在基督教中享有崇高的地位。

白色是复活的色彩，它象征着上帝，预示着纯净的灵魂、纯洁的思想和崇高的生命。灰色代表上帝最后的审判。红色是圣父的宗教服饰色，象征着上帝的爱和殉教，是世间罪恶的代表；同时红色也是权威的象征，从12世纪晚期，教会就将白色盾牌上的红色十字架当做其徽章。绿色是耶稣使徒的服色，使人联想起传播基督教的使命；同时绿色又是显灵的颜色，在显圣节使用。爱尔兰的绿白橙三色旗也有绿色，但它象征着天主教。蓝色象征着天国，属于圣子的色彩，在基督教中圣母形象一般以红色衣服和蓝色斗篷加以表现，这里的蓝色是忠诚、真实、神圣和宁静的表现。紫色象征着永恒、公正、权威和至高无上，是虔诚和信仰的颜色，红衣主教长袍色彩是将胭脂红和靛蓝混合而成的紫色。黑色是基督教中最具影响力的色彩，通常表示庄重、肃穆，也有黑暗、邪恶等含义；为表示谦恭，公元1000年左右基督教团将灰色、褐色、黑色确定为其主要色彩；中世纪时期，教廷担心色彩太丰富会影响教徒注意力，曾禁止教徒穿彩色服装，形成了建筑、服饰、日用品黑白灰的一统天下，黑色成为哥特时期的代表性颜色。金色在表现上帝的同时，也表示太阳、爱情、永恒、智慧等，并象征着忏悔者。黄色被基督教徒视为贱色，是忌讳的色彩，因为中世纪基督教绘画中背叛耶稣的犹大是穿着黄色衣服，使人产生敌意。

第二节　服装色彩与视觉心理效应

康定斯基在《艺术中的精神》（1911页）中指出："只要有明亮的色彩，眼睛就会慢慢被强有力地吸引住。如此明亮的暖色，吸引力就更强。例如朱红总像火焰一样，令人神迷，夺人魂魄；强烈的橙黄色，如果连续注视的时间过长，就会刺痛眼睛，使眼睛感到不适。或者在长时间不断凝视之后，似乎就会在蓝色或绿色之中寻求静默和安宁。"①

色彩并非静止，而是流动的，结合人的视觉心理活动而产生不同的效果。服装色彩的视觉心理感受与人们的情绪、意识，以及对色彩认识有着紧密关联，不同的色彩给人的主观心理感受也各异，但是，人们对于色彩本身固有情感的体会却是趋同的。

一、色彩的冷暖感

色彩的冷暖感主要是色彩对视觉的作用而使人体所产生的一种主观感受。如红、橙、黄让人联想到炉火、太阳、热血，因而是暖感的；而蓝、白则会让人联想到海洋、冰水，具有一定的寒冷感。其中橙色被认为是色相环中的最暖色，而蓝色则是最冷色。此外，冷暖感还与色彩的光波长短有关，光波长的给人以温暖感受；而光波短的则反之，为冷色。在无彩色系，总的来说是冷色，灰色、金银色为中性色；黑色则为偏暖色调，白色为冷色。在具体服装设计中，色彩的冷暖感应用很广。例如，在喜庆场合多采用纯度较高的暖色，夏季服装适用冷色调，而冬季色彩则多用暖色。总之，应该根据实际要求来调节冷暖感觉，掌握色彩的性能和特点。（图3-2、图3-3）

图3-2　蓝色具有寒冷感

图3-3　红色具有温暖感

① 中川作一.视觉艺术的社会心理.许平，贾晓梅，赵秀侠，译.上海：上海人民美术出版社，1999：210.

色彩冷暖又具有相对性，在一定情况下，暖色和冷色具有相反趋势。例如深红色属于暖色，当它与鲜红色相遇时，带有一丝冷感；同样紫色属于冷色，但当它与海蓝色相配时，具有一些暖意。如果大面积暖色中有小面积冷色，这一冷色具有偏暖性质；相反情况亦然。

二、色彩的进退感

各种波长的色彩在视网膜上成像，由于人眼水晶体在自动调节时灵敏度有限，对微小光波差异无法正确调节，所以视网膜成像有前后现象。光波长的，如红色、橙色在视网膜上形成内侧映射，有前进感；而光波短的，如蓝色、紫色在视网膜上形成外侧映射，有后退感。这使我们理解在几种色彩相混合的平面中，为什么感觉它处于一个跃动的体面，有的色突出，有前倾趋势；有的则隐没，使人感到后退，这是色彩在相互对比中给人的一种视觉反应。（图 3-4、图 3-5）

图 3-4 桔色具有前进感

图 3-5 紫色具有后退感

总体上，从色相角度而言，红、橙、黄等色彩具有扩张性，是前进色；蓝色、紫色等有收敛性，为后退色。从明度角度而言，明亮色靠前，深暗色后退。从纯度角度而言，鲜亮色靠前，深灰色后退。此外有彩色有前进感，无彩色有后退感。

色彩进退感又具有相对性，在一定情况下，前进色和后退色呈现相反趋势。无论是红、橙、黄等前进色，还是蓝色、紫色等后退色，当前进色或后退色同时出现，明度高、纯度高的色彩靠前，明度低、纯度低的色彩后退。

三、色彩的轻重感

同样的事物因色彩的不同会产生不同轻重感，这种与实际的重量不符的视觉效果称为色彩的轻重感。这种感觉主要来源于色彩的明度，明度高的色彩使人有轻薄感，明度低的色彩则有厚重感。如白、浅蓝、浅绿色有轻盈之感；黑色让人有厚重感。纯度也对色彩轻薄具有一定的影响，纯度高色彩相对轻薄，而纯度低的色彩显得厚重。在服装设计中，应注意色彩轻重感的心理效应，如服装上白下黑给人一种沉稳、严肃之感；而上黑下白则让人觉得轻盈、灵活感。（图3-6、图3-7）

图3-6　明度高的色彩具有轻薄感

图3-7　明度低的色彩具有厚重感

色彩轻重感又具有相对性，在一定情况下，色彩的轻重感呈相反趋势。例如几种轻薄感色彩并置时，明度最高的色彩最轻薄，明度最低的色彩最厚重；同样厚重感色彩也存在相似情况。

四、色彩的软硬感

与色彩的轻重感类似，软硬感和明度有着密切关系。通常说来，明度高的色彩给人以软感，明度低的色彩给人以硬感。此外，色彩的软硬也与纯度有关，中纯度的颜色呈软感，高纯度和低纯度色呈硬感。色相对软硬感几乎没有影响。在设计中，可利用此特征来准确把握服装色调。在女性服装设计中为体现女性的温柔、优雅、亲切，宜采用软感色彩，但一般的职业装或特殊功能服装宜采用硬感色彩。（图3-8、图3-9）

图3-8 明度高的色彩具有软感

图3-9 明度低的色彩具有硬感

五、色彩的兴奋与沉静感

色彩能给人兴奋与沉静的感受，这种感觉带有积极或消极的影响。积极的色彩能使人产生兴奋、激励、富有生命力的心理效应，消极的色彩则表现沉静、安宁、忧郁之感。色彩的兴奋与沉静感和色相、明度、纯度都有关系，其中纯度的影响最大。在色相中，具有长色光特性的红、橙、黄色给人以兴奋感，具有短色光特性的蓝色系给人以安静感，绿与紫是中性的。在具体设计中，婚庆、节日、典礼的服装色彩多用兴奋色，年轻人、儿童、运动服等多用鲜艳的兴奋色彩，老年人、医护人员常用沉稳的色彩。（图3-10、图3-11）

色彩兴奋与沉静感又具有相对性，在一定情况下，兴奋色和沉静色呈相反趋势。例如同样具有兴奋感特性的红、橙、黄色一同搭配，纯度最高的色彩最兴奋，纯度最低的色彩最安静。

六、色彩的明快与忧郁感

当我们步入万物葱郁的自然界中，心情会顿时充满轻快、舒畅；进入光线幽暗的房间便有忧郁不安之感，这就是色彩给予我们的明快忧郁感。橘色、黄色属于明快色彩，而蓝色则最具忧郁感。明度和纯度是影响这种感觉的重要因素，高明度、高纯度色彩具有明快感；而低明度、低纯度的色彩具有忧郁感。无彩色中的白与其他纯色组合时感到活跃，而黑色是忧郁的，灰色是中性的。（图3-12、图3-13）

图3-10 高纯度的黄色给人以兴奋感

图3-11 蓝绿色给人以沉静感

图3-12 桔色给人以明快感

图3-13 蓝色给人以忧郁感

七、色彩的华丽与质朴感

色彩可以给人以华丽辉煌之感，相反也可以给人以质朴平实感。纯度对色彩的这种感觉影响最大，明度色相则其次。总体而言，纯度高的色华丽，纯度低的朴素；明度方面，色彩丰富、明亮呈华丽感，单纯、浑浊深暗色呈现质朴感。在实际配色中，金银色虽华丽但可以通过黑白的加入，使其朴素；同样，如有光泽色的渗入，一般色彩也能获得华丽的效果。（图3-14、图3-15）

图3-14　色彩纯度越高越华丽

图3-15　色彩纯度越低越质朴

八、色彩的膨胀与收缩感

色彩的胀缩与色调有关，暖色属于膨胀色，冷色属于收缩色。同样形状面积的两种色彩，如分属于暖色和冷色，则呈现出膨胀与收缩的不同特征。此外色彩的胀缩与明度也有关，同样形状面积的两种色彩，明度越高越膨胀，明度越低越收缩。法国国旗设计即运用此原理，考虑到红白蓝三色具有不同的膨胀与收缩效果，设计师将三色具体比例定为红35、白33、蓝37，这样才达到相同宽度的感觉。（图3-16、图3-17）

图 3-16 暖色属于膨胀色

图 3-17 冷色属于收缩色

第三节 色彩联想

罗丹在《艺术论》中说:“色彩的总体要表明一种意义,没有这种意义就一无是处。”单纯色彩除了给人以生理反应和心理影响外,并不能引起感情上的共鸣。色彩只有与具体的形象、物体和环境联系在一起时,才能使人有联想的感受。研究服装色彩除了研究色彩本身的规律性外,更应关注色彩给人的心理联想,这是人的一种创新思维的方式。色彩的联想是靠人们对于过去的经验、记忆或知识而得到的。当我们看到某一色彩而联想到其他相关事物,并伴随着许多情绪化的现象,称之为色彩的联想。虽然各国政治、经济、文化、历史、宗教、习俗不同,对于色彩的心理反应有所差别,但是对于色彩的理解却有着共同的倾向。

色彩的联想分为两类:具象联想和抽象联想。具象联想是色彩使人想象到自然界中与此色彩相关的事物,如红色让人联想到炽热的阳光、烈火、鲜血,这是具体联想,而红色又象征了热情、奔放、喜庆等情感,联想到旺盛的生命力则就是抽象联想。各种色彩、黑白灰及色调所引起的联想见表。(表 3-1,表 3-2,表 3-3)

表 3-1 色彩引起的联想

	特 征	偏明亮	纯色	偏灰暗	色彩搭配
红 R	在可见光谱中，光波最长，视觉上有一种扩张感和迫近感，性格外露、热情、活泼、生动和富有刺激	个性柔和，属于年轻人的色彩，尤其受女性喜欢，使人联想到梦幻、快乐、放松、幸福、健康、婚姻、生命、春天、年轻、纯情、羞涩等	象征事物的繁盛，使人联想到太阳、火、血，是生命、热情、阳气、强烈、活力、希望、喜悦、幸福的象征意义	渐趋沉重和朴素的情感	红常常与无彩色搭配调和，红与其相反色如青绿色搭配，能发挥出最大程度的活力
橙 YR	在可见光谱中，波长仅次于红色，性格活泼、炽热、让人兴奋	使人联想到阳气、明朗、喜悦、希望、温柔、爱情、活力等	使人产生温暖感，因明度较高、较显得明亮，有金属光泽感，是华丽、阳光、活力、运动、欢乐的表征，带有任性的色彩	心平气和的颜色，使人联想到丰收、古典、朴素、平静、威严、厚重等	与其他色彩搭配，表现出年轻的感觉；与黑灰色搭配显得很精神；而与白色搭配则显得无力、低调
绿 G	在可见光谱中，波长居中，人们的视觉能适应绿色的光波	新绿、新芽、明快、爽朗、清凉感，使人联想到和平、希望、健康、安全、成长等	植物颜色，使人联想到和平、安慰、平静、柔和、知性、亲切、踏实、公平，带有孤独感	使人联想到平静、沉着、幻想、忧郁、深沉等，显得老练和成熟	适合搭配白、灰、褐、灰棕、蓝等
黄 Y	在可见光谱中，波长居中，色彩中最亮，视觉上有一种扩张感和尖锐性，性格浮躁	给人成熟的感觉，使人联想到未来、不安定、兴奋、活跃、年轻	象征生命的太阳色和春天花朵色，有黄金感，代表支配、权力的颜色，与愉快爽朗相反，象征卑劣、陈旧、病态、轻佻、冷漠、妒忌等	因明度差异而给人不同的感觉，有时感觉沉闷、阴气，有时则也带有神秘感	受欢迎的程度高，中老年人穿此色显得精神焕发、年轻人则显得清新有动力
黄绿 YG	在可见光谱中，波长居中，性格自然清新	给人未成熟感受，使人联想到嫩芽、新绿、小草、春天、牧场、原野、草地等	柔软而具有朴素感，是大自然的色彩，联想到生命和爱情	使人感到安定	青春感觉的色彩，稚嫩而活跃，属于年轻人的专利
蓝 B	在可见光谱中，波长较短，性格沉静、冷淡、透明、理智	年轻色彩的联想，使人联想到活力、积极向上的感觉	使人联想到天空、大海所具有的崇高和深远，使人联想到希望、理想、真理、学问、悠久、沉着、冷静等	明度低的蓝色，为老年人所喜爱。有遥远、宽广的感觉，深蓝带有忧愁，令人感到寂寞、阴暗、孤独	深蓝与白色搭配效果较佳，与其他色彩容易搭配，会因明度的差异而趋于协调
紫 P	在可见光谱中，波长最短，并且色相最暗，性格非常安静，表现出一种孤独感	使人联想到古典、高雅、晚霞、失望、温柔体贴等，属于宁静、安定的色彩	联想到高贵，古代帝王常用紫色以体现独一无二的地位	传统礼仪所采用的颜色，悲伤、迷信和不幸是消极的色彩	紫色的明度差异较大，淡紫色不宜配鲜艳的色彩，蓝紫色或紫红色可与冷暖变化的蓝色和红色相配，紫红和朱红、蓝紫与青等搭配效果较佳，紫色与黄色搭配视觉明亮
红紫 RP	在可见光谱中，波长较短，性格温和，明亮	娇甜、年轻的色彩，使人想起幼稚、肤浅、轻率、个性、都市、理性、华丽感、性感等	属于积极的色彩，使人联想到皇冠、宫廷、权力以及虚荣、刺激、兴奋、高贵等	使人联想到平静、苦恼、忧郁、神秘、古典、浓厚、坚强等	与其他色彩搭配能体现出温柔、高雅、不凡的气质

表 3-2　黑白灰的表征和联想

<table>
<tr><th></th><th>特　征</th><th colspan="2">色彩效果</th></tr>
<tr><td>白</td><td>是必不可少的色彩，本身具有光明的性格特征</td><td colspan="2">光明、和平、纯真、恬静、轻快的印象，令人联想到善良、清洁、洁白、神圣、清晰感，与任何颜色都可互相搭配，与纯度高的色彩搭配能体现出年轻活力</td></tr>
<tr><td rowspan="3">灰</td><td rowspan="3">是白和黑的混合色，性格柔和、倾向性不明，本质无任何特点。明度高的灰具有白的性格，而明度低的灰具有黑的性格</td><td rowspan="3">给人平凡、消极的视觉印象。令人联想到淡定、高雅、秋天感、温和、单纯、平静、羞涩，能搭配任何色彩</td><td>高明度 春天感、稚嫩、甜美、年轻</td></tr>
<tr><td>中明度 秋天感、温和、单纯、平静</td></tr>
<tr><td>低明度 冬天感、朴素、抑郁、厚实</td></tr>
<tr><td>黑</td><td>无光，是消极性的色彩，能搭配任何色彩</td><td colspan="2">给予人幽深的感觉，是黑暗的象征
令人联想到寂寞、严肃、恐怖、死亡、沉寂、强烈、神秘、悲观等
与纯度高的色彩、白色搭配能体现出青春前沿的感觉</td></tr>
</table>

表 3-3　色调所引起的联想

色　调	联　想
纯色调	兴奋、积极、动荡、浪漫、膨胀、伸张、外向、前进、华丽、自由
中明调	青春、律动、明快、愉悦、乐观、跃动、希望
明色调	清静、温和、风雅、简明、开朗、愉快、清澈、柔弱、浮动
明灰调	高雅、恬静、柔美、淡定、随和、朴实、沉着
中灰调	朴实、沉着、稳静、含蕴、安定、和谐、稳妥
暗灰调	浑厚、古雅、质朴、安稳、内涵、沉静
浊色调	中庸、悠闲、和谐、不偏不倚、安定、阴郁
中暗调	稳重、理智、孤立、傲慢、保守、严谨、尊贵
暗色调	深沉、坚实、冷酷、庄重、深邃、敏锐、威严

第四节　色彩的象征

色彩的象征与联想有着密切联系，当色彩与联想内容达到共性反应，并通过文化的传承而形成固定的观念时，就具备了象征意义。色彩的象征内容并不是人们主观臆造的产物，而是人们在长期认识和应用色彩过程中总结形成的一种观念，并且依据正常的视觉和普通常识，慢慢形成一种约定俗成的共识。

但色彩的象征内容和象征意义并没有统一性和绝对性，这是因为政治、经济、文化、宗教、习俗不同所造成的文化差异及个人认知事物的不同，因此在不同区域，不同色彩象征的内容各异，这就使得象征内容有时具有多样性。我们祖先对色彩相当重视，在我国古代春秋战国时期就出现用阴阳和五行结合来解释宇宙所发生的万物变化，把青、红、黄、白、黑与木、火、土、金、水对应起来。此外还将颜色与季节对应：春—青、夏—赤、秋—白、冬—黑；颜色与方位对应：青色象征

着东方、红色代表着南方、白色代表西方、黑色代表着北方、黄色代表着中央。在服装方面,《诗经·邶风·绿》曾描述"绿兮衣兮,绿衣黄裳"。夏代尚黑,殷代尚白,周代尚赤。(表3-4)

表3-4 阴阳五行与色彩①

五行	季节	方位	十干	五音	五脏	五色	五味	生物	五帝	五气
木	春	东	甲、乙	角	脾	青	酸	羽	太皞	燥
火	夏	南	丙、丁	徵	肺	红	苦	毛	炎帝	阳
土	土用	中	戊、己	宫	心	黄	甘	裸	黄帝	和
金	秋	西	庚、辛	商	肝	白	辛	甲	少皞	湿
水	冬	北	壬、癸	羽	肾	黑	咸	鳞	颛顼	阴

此外,宗教艺术也用象征色来表示特定的内容和礼仪,如基督教节日的色彩是:红色为情人节;橙色表示万圣节前夜;茶色则是感恩节;红、绿为圣诞节;黄和紫色是复活节等。

以下是主要色彩的象征分析:

一、红色

红色是三原色之一,在所有颜色中红色是人们最早认识和命名的颜色。从物理学角度而言,红色是可见光谱中光波最长、振动频率最低的色彩,所以红色孕育着激情。(图3-18)

图3-18 红色

红色代表着阳光,意味着温暖。红色给人视觉以扩张感,能加速血液循环,给人以力量,所以红色象征着生命或革命,红旗首先出现在古罗马帝国军队中,凯旋时古罗马将军习惯用红色粉饰身体。红色是兴奋、温暖的色彩,火的象征,意味着热情激烈,代表着炽热的爱情。因与血的色彩相同,又表示为仇恨、斗争或死亡。红色代表力量,象征着积极向上,古代武士、19世纪末

① 城一夫. 色彩史话. 杭州:浙江人民美术出版社,1990:53.

之前的欧洲士兵，以及具有革命性质的变革者都是衣着红色。红色是高贵的颜色，象征着权力，如欧洲国王加冕披风、红衣主教和高等法官穿的外衣都是紫红色，18 世纪英国用来捆绑官方档案的是红色丝带。

在中国，红色象征着吉祥、幸福、喜庆，是传统节日的色彩，俗称为“中国红”，如小孩都穿红色衣服、挂红灯笼、贴红门联等。中国传统色彩的五色体系将红色与黄色、青色（绿色和蓝色）、白色、黑色视为正色，在《论语 · 阳货》中，孔子将朱色视为正色，不可替代。在西方国家，红色调中深红色表示嫉妒与杀戮，恶魔的化身；红色表示为圣餐和祭祀；粉红色则象征着祥和、健康。

不同红色倾向外观感觉也不同。橘红色奔放、热烈；紫红色高雅、富贵；暗红色深邃、沉着；酒红色开朗、炽热；玫红色浪漫、华丽；桃红色既鲜艳又端庄，充满了活力和魅惑情调。

二、粉红色

粉红色是弱化的红色，具有独特的性格。如果红色是高大强壮的，粉红色则是弱小和娇嫩的，两者差异巨大。粉红色带有明显的阴柔之气，在西方文化中占据重要地位，常用于正规礼服设计。起源于 18 世纪 20 年代的洛可可时期是粉色时代，其中粉红色是贯穿其中的颜色，运用于女装甚至男装，以及相关饰品中。粉红色是最典型的女性色彩，充满了想象力。粉红色象征着幼小生命，意味着纯真、年轻、愉快，女幼童服装广泛采用了粉红色。粉红色最具浪漫气质，所以成为婚纱礼服的用色首选。粉红色与安静、温柔、柔和、轻盈联系在一起，感觉甜滋滋、软绵绵的，气球色、糖果色多采用粉红色。粉红色也象征着孩子气，隐约含有幼稚成分。（图 3-19）

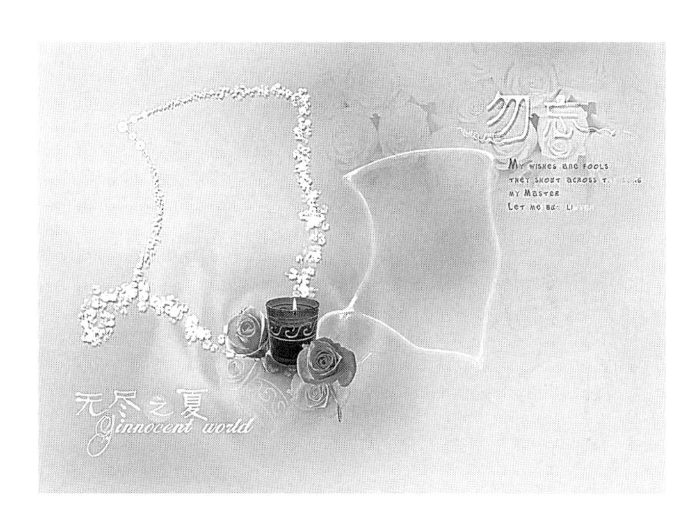

图 3-19 粉红色

三、橙色

橙色的波长仅次于红色，带有长波长的特征。橙色带有感情色彩，鲜艳的橙色能激发人的情绪，令人赏心悦目，并给人脉搏加快、温度升高的感受。橙色是繁荣与骄傲的象征，带有繁华、甜蜜、快乐、智慧、光辉的含义，给人以活力四射和力量的感觉。高明度橙色具有极强的醒目效果，被广泛运用于工业生产的安全系统中，如将机器设备涂成橙色，起到警戒作用，降低事故率。户外的登山服、救生包、背包等也多用橙色，以提高视觉识别率。橙色是暖色系中最温暖的色

彩，能使人联想到金色的秋天和丰硕的果实。（图3-20）

图3-20　橙色

四、黄色

黄色在色彩中是最明亮，质感最轻，有着太阳般的光辉，象征着照亮黑暗的智慧之光，带有希望、积极、乐观向上的含义。黄色的明度比较高，是所有色彩中反光最强的，它比红色更加醒目，黄色在黑色底面下具有最佳远距离效果，具有较强的识别度，所以黄色在工业安全保障和交通指示中被广泛使用。鲜嫩的黄色有激励情绪、增强活力的作用。土黄色具有泥土味，是大地之色。金黄色是成熟的色彩，秋天的树叶、果实均是这种颜色。在古代罗马黄色是高贵的象征色。明亮的黄色与黄金相似，孕育着财富、权势、显贵。（图3-21）

图3-21　黄色

黄色是中国人的肤色,在中国古代是中心色,是色彩之主,被称为“中和”之色,有“黄生阴阳”说法。黄色是黄土高原、黄河的象征色,代表着至高无上荣耀,自古即有“玄黄,天地之因”之说,所以中国文明有黄色文明之称。在黄色系中,最明亮的黄色(明黄)是除了佛家弟子,惟有历代帝王可专用的色彩,皇帝所住宫殿以黄色居多,其中琉璃黄是历代皇家宫殿的专用色彩。天子的服装叫黄袍,其中的黄色代表着富丽、华贵。明黄色相应成为最高智慧和权力的象征,是至高无上的色彩。

不同黄色倾向外观感觉也不同,土黄色厚实、老练;柠檬黄明度、纯度均较高,具有视觉冲击力;橘黄色鲜亮,代表着年轻、朝气;黄绿色因有绿色的加入而稚嫩、清新;黄褐色明度、纯度明显偏低,显得深沉、冷静。

五、绿色

与其他混合色不同,绿色最具独立性,它不易使人联想起它的起源色黄色和蓝色。绿色性格温和,被认为是一种中性色彩。绿色令人联想到植物色,从诞生、发育、成长、成熟、衰老直至死亡,整个过程伴随着绿色变化。绿色是大地赐予的色彩,所以最接近大自然。绿色预示着春天来临、万物复苏,所以它与生命联系在一起,在中国,绿色是长寿和慈善的象征色。绿色代表着希望,象征着新鲜、健康、和平、年轻、安全,交通信号灯中绿灯、绿色通道即有这种含义。绿色可使眼睛感觉舒适,缓解紧张的神经,具有镇静、安神作用,如绿色的手术服、厂矿用的机械等。绿色是共和自由的色彩,如意大利的绿、白、红三色国旗,绿色象征人类自由和平等的权利。绿色蕴含着财富,美钞颜色就是绿色。绿色还表示爱情,即妊娠之色,在欧洲用绿色服装作为结婚礼服,象征日后多产。而在日本,绿色则带有不祥之兆,忌讳使用绿色。(图3-22)

图3-22 绿色

不同绿色倾向外观感觉也不同,橄榄绿具有深远、智慧的性质;青草绿、淡绿、嫩绿象征着青春和生命,充满了希望和活力;墨绿、灰绿、褐绿显得老练、稳重、成熟;粉绿细腻新鲜;翠绿鲜艳夺目。

六、紫色

紫色在可见光中波长最短,是红色和蓝色的混合色,属于中性色彩,对视觉器官的刺激也较为一般。历史上由于提炼工艺复杂,紫色被认为是最珍贵的色彩,为贵族阶层专用。在古希腊,紫色是作为神秘仪式中祭神官的礼服色而出现的;在古罗马帝国只有皇帝、皇后和皇位继承人才有特权穿着紫色染成的披风。紫色代表着时尚、奇特、与众不同和冒险,由于少见,紫色甚至比红色更引人注目。紫色融入了感性与智慧、情感与理智、热爱与放弃,充满着矛盾,体现出一定的犹豫不决。(图 3-23)

图 3-23　紫色

紫色在中国古代传统用色中具有非同一般的地位。由于伴有吉祥之气,紫色是许多帝王的专用色,其所住宫殿称为“紫宫”、“紫庭”、“紫禁宫”,所住区域称为“紫禁城”,所颁发文告称为“紫诏”。春秋战国时代的齐桓公就喜欢紫色,老百姓纷纷仿效,一时间紫色丝绸身价百倍。在汉朝官制中,紫色是贵人的绶带色。在唐代紫色为五品以上官服和皇家喜爱的色彩,为高雅之色。古埃及则将紫色象征大地。在西方国家,紫色象征着庄重、高贵,便有西方国家“紫色门第”之说。

不同紫色倾向外观感觉也不同, 紫红色带有红色成分,鲜艳欲滴,独具青春活力;紫罗兰显得高傲,给人以孤芳自赏的印象;蓝紫色更多是深沉、冷静感觉。

七、蓝色

对于蓝色,歌德这样形容:“裱糊成纯粹蓝色的屋子,看起来会有一定程度的宽大,但实际上显得空旷和寒冷。”蓝色是色谱中最冷的颜色,是蓝天的再现,是宇宙的颜色,代表着遥远和寒冷,所以具有扩张感,如冷冻食品一般以蓝色作标志色。蓝色是被大多数人喜爱的颜色,具有深远、自信、稳重、踏实的性格。蓝色具有男性的特征——冷静、理智,给人以安全感,所以蓝色是沉着、忠诚的象征。蓝色由此还引申出严格、戒律,美国许多州均实施戒酒法,称之为“蓝色法令”。蓝色蕴藏着粗犷和纯朴,蓝色牛仔裤无疑最具代表。蓝色表现为平凡和一般,世界各地的工人因都穿着蓝色工作服而被称为“蓝领”。与奋发向上的红色相比,蓝色带有压抑感,能产生消极和忧郁情绪,在音乐上表达这种意境的称为“蓝调”,听完易使人产生伤感。蓝色在凡·高的画作中具有无限幽深的内涵,是“丰富的蓝色”。①明度较低的蓝色具备了一些黑色的特性,易与其他高纯度、高明度色彩配衬。(图3-24)

图3-24 蓝色

蓝色在中华文明中独具特色,符合中华民族偏爱素雅、稳重的审美心理,青花瓷、蓝印花布、古代文人蓝色衣着等均传递着中国人对蓝色情有独钟,尤其是青花瓷上蓝色深邃、悠远,被西方世界称为“中国蓝(Chinese Blue)”。传统的中山装色彩主要用色也是深蓝色。

不同蓝色倾向外观感觉也不同,天蓝色开阔、深远;宝蓝色具有非同一般的优雅和富贵感;蓝紫色带有紫色特征,神秘而深不可测;蓝绿色富有活力,具有与众不同的气质。

八、白色

在物理学意义上,白色不是一种色彩,它将无色的光分解成红色、橙色、黄色、绿色、蓝色和紫色的光,是所有光谱的总和。在色彩学上,白色是无彩色,最浅、最轻。在西方宗教中白色象征着神圣,是神灵的专用色,是神职人员的服装用色,是重大宗教节日,如圣诞节、复活节和圣母节等的主要用色。白色宁静、轻柔、温和、妩媚,代表着女性特性,具有古典主义审美倾向,如古希腊的建筑、服饰均采用白色。白色给人以美好、和平、清净的联想,所以是护士、医生等的主要用色。白色寓意着爱情的圣洁、高雅、圆满,因此婚礼服多选用白色。白色代表着优雅、高档,并引申出地位和身份的象征,从事银行、金融、保险等行业的人员因经常穿着白领衬衫而被称为白领阶层。(图3-25)

① 中川作一.视觉艺术的社会心理.许平,贾晓梅,赵秀侠,译.上海:上海人民美术出版社,1991:68.

图 3-25 白色

在中国古代文字产生以前的太极图上，白色和黑色分别代表阳、阴，表示阴阳合一。玉是中国传统文化中吉祥如意的象征，玉脂白色体现的是带有东方情调的审美特征。在东方国家白色也是丧礼的常用色，丧礼也称之为“白事”，白色是不祥之色，如白痴、白旗、白眼等。不过随着中西文化的相互交融，我国的众多年轻人正逐渐改变这一观念，接受西方的观念。

不同白色倾向外观感觉也不同，漂白偏冷色调，具有一丝寒意；本白则偏暖调，带有暖意；灰白显得苍凉而无力。白色易于其他色彩搭配，其中与黑色搭配色彩效果简洁明确、朴实有力，极具视觉冲击力。

九、黑色

黑色是不发光物体的颜色，这种物体吸收了所有的光线。在色彩学上，黑色是无彩色，最深、最重，世上最深的黑色是黑天鹅绒。俄罗斯画家康定斯基认为：“黑色在心灵深处叩响，像没有任何可能的虚无，像太阳熄灭后死寂的空虚，像没有未来、没有希望的永久的沉默”[①]。可以想象黑色给人带来的不同感受。黑色象征着神秘、恐怖、黑暗和死亡，如在西方社会中，黑色是教会的代表色、丧色和受难日的礼拜色，古罗马神学家的服装色彩选择黑色，塑造哥特风格首选黑色。黑色代表着谦逊，如基督教的修道士的服装色彩。黑色属于男性的范畴，它具有庄重、优雅的格调，在隆重场合黑色西装、晚装和燕尾服独具风采。黑色是非常个性化的色彩，能让你感到意志坚定、自律。如果想给人留下深刻印象，黑色是最佳色彩，往往能表现出与众不同的穿着风貌，如 20 世纪 70 年代的歌星、朋克们的服饰色彩。黑色永远是流行色，无论与何种色彩搭配都适合，并起到衬托作用。黑色具有特别的高贵气质，一身黑色衣装更能使女性平添一丝魅力。（图 3-26）

---

① 爱娃·海勒（Eva Heller）. 色彩的性格. 吴彤，译. 北京：中央编译出版社，2008：111.

图3-26 黑色

黑色在中国文化中是最重要的色彩之一。《易经》中说:夫"玄黄"者,天地之杂也,天玄而地黄。至此就有"天玄地黄"之说。老子对黑色是这样描述:"玄之有玄,众妙之门。"秦始皇在得天下后,崇尚了水的对应色——黑色。黑色与中国水墨画有必然的联系,凭借墨色浓淡深浅活生生再现自然界。

不同黑色倾向外观感觉也不同,煤黑色明度最低,深不可测;偏红的黑色带有暖意,偏蓝的黑色带有冷感,偏灰的黑灰色则是中性。

十、灰色

灰色居于白色和黑色之间,由两者混合而成,中等明度,属于无彩色系的一种。康定斯基对此描述为:"灰色,是沉默和静止的。静止的灰色显示出一片荒凉、萧条。"灰色生性温和,单调乏味,意味着色彩的消失,是视觉上得到休息的港湾。灰色意味着平稳、轻盈,无刺激感,无重量感。灰色最无个性,永远是色彩世界的配角,在与其他色彩对比时显得出奇的宁静,与暖色调相配表现出冷感,而与冷色调相配却表现出暖意。灰色象征着高雅、上品,古典绘画有"灰调子"之说,服装的灰色调子也意味着脱俗不凡。灰色是不明朗、无倾向性的代名词,在服装中引申为中性。灰色看似单调,其实蕴含着丰富的韵味,带其他色彩倾向的灰色各代表着不同的色彩性格。(图3-27)

图3-27 灰色

灰色跨度很大,从灰白至黑灰,其中的性格各不相同。接近白色的灰色具有白色的特性,纯净、轻盈、飘忽、无力;相反接近黑色的灰色具有呈现黑色特性,昏暗、深邃、沉重、渺茫;中性灰色

既不眩目,也不暗淡,呈现出适度的含蓄、精致。

十一、金色

金色是光泽色,表面光泽四射,张力十足,属无彩色系一种。金色令人联想到黄金,所以金色往往代表着金钱、财富,意味着权势,另一方面金色有“暴发户”之嫌。金色是太阳的色彩,引申为升华、超凡的意境,因此在许多宗教中金色是神灵头上闪耀的光芒色。因为金子不氧化、不生锈,代表着久经考验的品德、友谊和真理,因此金色带有纯真、忠诚等含义。金色是美丽的属性,“黄金分割”比例代表着最完美、最理想的高度与宽度比。金色象征着高贵,欧洲宫廷服饰多以金色作为面料与装饰的点缀色彩。(图 3-28)

图 3-28 金色

图 3-29 银色

十二、银色

银色与金色具有大体相同的色彩性格,但银色比金色温和。由于与灰色相近,因此具有灰色的特性。银色使人联想到星球和太空,是未来世界的代名词。与金色相同,银色也代表着财富,俗称“金银财宝”,具有档次的餐具、饰品等材质均取自银。银色与金色同属富贵色彩,但银色表面视觉效果比金色更柔和,所以更显得体面而具有涵养。(图 3-29)

第五节 服装色彩设计心理因素

服装色彩与人的心理有紧密关系。色彩附属于物体,如果没有人类的参与使其产生视觉效应,那么色彩只是孤立。正因为色彩被赋予人的心理因素,从而产生千变万化的感觉。因此心理是服装色彩设计必须考虑的因素之一。

一、服装色彩心理的社会因素

由于诸多社会客观因素,人们对于色彩的感知和偏好势必受到影响并逐渐呈现出来,这就是社会因素对于色彩的心理反映过程。如社会的政治意识形态、道德标准在一定程度上约束了人们对于色彩的理解和审美的标准，在潜意识中规范了人们的衣饰方向；各地区、各民族传统习俗也形成了服装色彩社会心理因素的客观条件，它从总体上决定服装色彩的某些特征。例如深蓝色在相当长时期一直占据我国着装色彩中相当重要的地位，这一方面反映出国人倾向于蓝色的内敛、稳重的性格，另一方面蓝色又与我们淡黄肤色较为协调有关。在国外，蓝色又呈现出另外特征，如着蓝色服装在德国是表示人喝醉了，在英国暗示情绪低落，而在俄罗斯则形容脾气温柔的男子或害羞的女孩。

事实上，人们对于色彩的心理认知又随着时代科技、文化、教育、经济等物质基础的不断变化而改变，其中最为主要的是时尚对人们观念的冲击和影响，这些社会因素都在不同程度上影响并改变着人们对于色彩的心理感知。进入21世纪，伴随着物质水平的提高，国人的精神世界也发生了相当大的改变，紧跟时尚潮流、最终流行变化成为服装主旋律。在色彩的认知上完全是个性的体现，原本蓝色海洋已被绚烂多姿的色彩世界所覆盖。（图3-30）

图3-30　中国设计师谢峰2008年春夏推出的北京奥运主题设计，橘色成为主色调

二、服装色彩心理的个性因素

美是人类的天性，对美的追求促进了社会文明的不断蔓延。无论在何场合、环境中，人都不同程度地追求着美。由于人们主客观条件的差异，服装色彩与人们的心理要求有着错综复杂的关系，服装色彩设计多少融入了人的因素，而其中个性因素又是服装色彩设计的原动力，时尚色彩流行传播的缘由。如果社会的心理因素从总体上决定了服装色彩的共性特征，那么千差万别的消费者则决定了服装色彩的个性化、多样化、差异化。

决定服装色彩的个性因素很多，包括消费者的着装动机、生活方式、生活类型、家庭状况、职业形式、文化品位、审美水平、兴趣爱好、个体体型等，而其中诸多的差异性又引发各消费群体个性的不同，从而在服装色彩审美上表现出不同的倾向。当下每季都有不同色彩推出，色彩的流行并非大规模展开，而是在一定程度上和范围中进行，其中原因是当今消费者往往希望展现自身的审美情趣，过于单一的色彩表现反而不为市场所接纳。因此人们的个性与心理倾向是形成服装色彩个性的关键要素，也是形成色彩丰富变化的主体因素。

三、服装色彩心理的外在环境因素

（一）季节、气候对于心理因素的影响

季节、气候与人的心理因素密切相关，在热日炎炎的气温下，人们心气浮躁，所以多偏向于明度和纯度较高、对比鲜明的色彩，如赤道地区国家一年四季是夏天，服饰色彩鲜艳灿烂；而在寒冬腊月的季节，人们心情稳定，多偏向于纯度和明度较低的色彩，如无夏季的北欧地区，其服

饰色彩偏向于冷色调。不同的季节,人们对于色彩的心理追求不一。炎热的夏季,一般选择视觉悦目、鲜明的色彩,冬季则选用温和、舒适的色彩,所以服装色彩带有明显的季节偏向性。

事实上,现代服装色彩设计往往采取逆向思维形式,与正常心理相反,选用与常规相反的色彩,以取得意想不到的市场效果。如将热烈的高明度、高纯度色彩用于冬季,而把沉闷的灰冷色调用于夏季。

(二) 地理环境对于心理因素的影响

地区的地理条件形成了该区域对于色彩选择的总趋向。如北方地区一般较为寒冷、干燥,人们喜欢选用紫红色、棕色等,这类色彩可以有效调节人的视觉神经,消除疲劳,弥补了人们的心理需求。在我国黄河流域地区,由于人们心理感受受到黄河的影响,服装色彩大多以暖调的黄色为主。

(三) 出席的场合对于心理因素的影响

由于人们工作、生活、娱乐、休闲的需要,每天穿梭于不同的场合,而这些场合由于功能、环境、气氛、出席对象的不同,需要出席者在服装风格、款式和色彩上予以配合协调,以满足自身心理需求和审美情趣。如常见的正式派对,色彩往往以高贵、典雅的粉嫩色调和黑白为主。而深黑、深灰色调适合整齐划一的办公场合,这符合高效、严谨、认真的工作态度和心理认识。

本章小结

人对色彩的认识在于不同的心理体验,本章侧重于色彩对于人的视觉感受。主要从心理学角度介绍了服装色彩特征、服装色彩与视觉心理效应、色彩联想、色彩的象征、服装色彩设计心理因素五方面知识,其中服装色彩与视觉心理效应是重点,对此知识点的掌握将有助于更好理解服装色彩设计。

思考与练习

1. 如何理解色彩的冷暖感、进退感、轻重感、软硬感、兴奋与沉静感、明快与忧郁感、华丽与质朴感、膨胀与收缩感,试举例说明。

2. 什么是色彩的联想,试举例说明。

3. 什么是色彩的象征,试举例说明。

4. 服装色彩设计中的心理因素如何体现?

第四章 服装色彩搭配形式法则

色彩搭配是多种因素的组成和相互协调的过程，同时遵循着一定的规律，形式美法则是蕴含在服装色彩设计中的一个普遍规律，因此研究色彩搭配的核心要素必须了解形式美。服装色彩的形式美原理是造型艺术表现形式美的基本原理，它包括比例、平衡、对比、节奏、统一与变化五个方面，服装色彩设计正是依据这些形式原理进行构思设计的。

第一节　色彩比例

服装上的比例是指服装各个部位之间的一定数量比值，如果数值过大即形成对比，比例涉及长短、多少、宽窄等因素。比例原理是服装色彩设计的一个主要法则，通过调整色彩之间的比例关系，服装的整体外观效果也随之改变。

服装色彩设计所采用的比例归纳起来有 4 种：黄金比例、根号比例、数列比例和反差比例。

一、黄金比例

黄金比例也称黄金率、黄金律、黄金分割，它在几何学上的意义是一线段的两部分，短边和长边的比值为 1∶1.618。

此比例最早由古希腊人发现，并运用于雅典的各类建筑，如帕特农神殿屋顶的高度与屋梁的长度便具有黄金比，这是最优美的视觉比例。

在服装色彩设计中，黄金比例可简化为 3∶5 或 5∶8，这一比例视觉悦目和谐，是较为理想化的比例形式，常用于古典风格的晚装和优雅套装设计中。（图 4-1）

图 4-1　黄金比例配色运用

图 4-2　根号比例配色运用

二、根号比例

$1:\sqrt{2}$比例又称希腊率，由古希腊人从壶的测量中发现的，也是人类视觉中常见的比例。在现实生活被广泛应用，如纸张、笔记本、纸袋等大部分的纸制品莫不采用这种比例。

由于这一比例较黄金比小，因此用于时装设计中，视觉上较为柔和些。常见的比例是 1∶1.4（近似）。（图 4-2）

三、数列比例

除了长度、面积形态上的两个数量之间的比例关系外，时装设计中还必须处理3个以上的多种比例，这时就应用数列比例。

常用数列比例有：

调和数列：1/1、1/2、1/3、1/4、1/5、…… $1/n$

弗波纳齐数列（Fibonacci Series）：1、2、3、5、8、13 ……

等差数列：1、2、3、4 …… $a+(n-1)r$

佩尔数列：1、2、5、12、29、70 …… $2a_{n-1}+a_{n-2}$

依照数列比例构思，不仅给渐变设计提供了数量限定，而且还会丰富渐变的表现。关于级数在服装设计中的运用是非常灵活的，既可以用作长度排列，又可作间隙配置；既可采用数列的几个部分，也可采用数列中的某几项。当服装色彩设计两种色彩反差较大时，为避免过于强烈的视觉效果，可运用数列比例原理。（图4-3）

图4-3 数列比例配色运用

图4-4 反差比例配色运用

四、反差比例

反差比例打破常规，将服装色彩设计主要部位的比例关系极大地拉开，产生强烈的视觉反差效果，产生新颖奇特的视觉效果。例如上装长过臂部，而裙装只露出短短的几厘米的色块，将色彩之间的大小面积比形成极大反差。此外，紧身短上衣配长及脚踝长裙，或者长衣配长裙的设计手法也较普遍。

服装色彩设计的反差比例出现于上世纪90年代初期，主要受后现代设计思潮的影响，并伴随着非主流观念形式——街头时装概念的流行而出现，它对传统服装设计美学具有强大的冲击力，如今已成为设计的主流。（图4-4）

第二节　色彩平衡

平衡是指平衡中心两边的视觉趣味，包括色彩分配、面积形状和结构处理，分量是相等的、均衡的。服装色彩设计的平衡原理是一种手法常用的配色形式，通过色彩面积的分布，不同色相、明度、纯度变化产生一种视觉上的平衡效果。

服装色彩设计的平衡原理具体表现是杠杆平衡，其含义是指支点两端的物体之间重量和力矩在总体上保持平衡状态，虽然这是一个物理法则，但它同样适用于服装色彩设计。构成杠杆平衡有四种状态：等形等量平衡、不等形等量平衡、等形不等量平衡、不等形不等量平衡。这四种平衡即对称和不对称平衡，第一种属对称平衡，第二、三、四种属不对称平衡。

图 4-5　绝对色彩平衡配色运用

一、色彩的对称平衡

也称轴对称，即轴的色彩设计构成元素呈完全等同状态，表现为色彩的性格、形状、面积大小、位置等完全相同。对称平衡在服装色彩设计中运用广泛，是最常见的配色形式，形成的色彩设计效果比较稳重，较适合女性味浓郁的古典风格设计。（图 4-5）

二、色彩的不对称平衡

是轴两边的色彩设计构成元素呈不完全等同状态，表现为色彩的性格、形状、面积大小、位置等的不同。不同处可以为一个元素，例如不规则的裁剪结构形成色块面积不同；也可以是两个以上元素，例如色相和色彩位置同时不同。色彩的不对称平衡是一种较为复杂的设计形式，它能产生不同寻常的变化效果，配色效果活泼，富有动感。

三、服装色彩中运用平衡原理所涉及的物理和心理因素

（一）物理平衡

物理平衡以形状、面积大小等作为衡量标准，这是较为直接的视觉感受。色彩平衡与色彩面积和形状密不可分，色彩过大容易形成视觉张力，并显得单调，给心理造成压力，因此需要搭配稍小面积色彩予以平衡。事实上在服装色彩设计中往往选择两至三色，设定主色与辅助色，通过整体考虑设计色彩的大小面积，使色彩设计悦目和谐。如图 4-6 为 Marc Jacobs 2007 年春夏作品，整款设计色彩呈不对称平衡状态，裤腰右侧是一面积较大的深灰色块，比较突兀，视觉中心明显偏右。设计师有意在左侧设置了细长腰带，同样是深灰色，加强了色彩联系，同时使整

款设计在视觉上达到了平衡。

图 4-6 色彩的物理平衡配色运用

图 4-7 色彩的心理平衡配色运用

(二)心理平衡

根据色彩基本知识,色彩有轻重、冷暖、前进后退、膨胀收缩、兴奋沉静等不同心理感受。服装色彩的平衡原理与色彩性格有关,同样形状的两种色彩,由于明度和纯度的不同,心理感受是完全不同的,这就是色彩设计的心理平衡原理。设计师在处理色彩的不对称平衡关系时,可以有针对性运用色彩的这一原理,同样达到视觉平衡。如图 4-7 这款 Marc Jacobs 2009 年秋冬设计的深蓝色单侧袖上装,右侧九分袖,而左侧露臂,作品呈不对称状态。左侧玫瑰色包虽小但富有张力,高纯度的色彩弥补了因无袖带来的视觉失衡效果。

第三节 色彩对比

对比是两个性质相反元素组合在一起,产生强烈的视觉反差,通过对比增强自身的特性。但过多运用对比原理将使设计的内在关系过于冲突,并缺乏统一性。

利用对比原理可以使服装色彩设计中的各个元素(性格、形状、面积大小、位置等)互为衬托,在视觉上产生丰富多彩的韵律和节奏美感。

在服装设计中,色彩对比包括在明度、纯度、色相上产生的相互关系。

一、色彩明度对比

这是比较常见的一种色彩对比手法，它是由色彩明度而形成的色彩对比。在设计中，应充分考虑上下装、内外装、服装与饰物之间的黑白灰效果。另外，还需注意服装的黑白灰三者之间的穿插变化，以求得丰富多变的层次感。（图4-8）

图4-8 色彩明度对比配色运用

二、色彩纯度对比

在设计中应充分考虑面积大的色块和面积小的色块的对比效果，这样能使面积小的部分感觉突出醒目，否则只能显得均等平衡，没有变化感觉。

在色彩纯度对比设计中应遵从如下原则：

（一）明确整款服装的色彩基调

无论色彩之间纯度对比如何强烈，在一款服装设计中应有一个主要色彩倾向，偏明或偏暗，偏冷或偏暖，或者偏向某色彩调子，以此形成服装的基调，这样的色彩对比易于协调。（图4-9）

（二）色彩之间的关系应明确

在确定色彩基调的同时，还要具体处理各色块相互之间的强弱关系。具体而言，服装色彩对比关系取决于最大面积的布料色块与面积小的布料或饰物色块的比值，如相差悬殊，则对比强烈；如相差不大，则对比弱小。服装色彩的纯度对比是在相互比较中获得的，明确色彩之间关系能有效突出重点。（图4-10）

图4-9 以红色为主的色彩设计

图4-10 黄色面积不大，但在整款色彩设计中居于视觉焦点

(三)色彩的交错变化

在选择布料、饰物进行构思设计时，应使其色彩互相交错，互为呼应，我中有你，你中有我，以形成丰富的色彩变化；否则，只是简单设置色彩，极易造成服装款式的呆板拘谨。如果只注重色彩的穿插变化，而没有相互间的协调呼应关系，极易造成服装色彩效果失去整体美感。(图4-11)

图4-11　色彩的交错变化配色运用

图4-12　红色与绿色的色相对比

三、色彩色相对比

以色相环上的三组色彩——红色与绿色、黄色与紫色、蓝色与桔色进行色彩设计。由于色彩之间属于补色关系，运用中能增强视觉冲击力，对比效果显著；如运用不当，色彩效果易生硬、僵化。(图4-12)

第四节　色彩节奏

节奏也称旋律，是音乐术语，指乐曲中音节之间交替出现的有规律的强弱、长短及间隔现象。在服装色彩设计中，运用色彩形状、面积大小、位置等变化形成有条理性和重复性视觉变化，即视觉的节奏美感。

一、形成条件

形成色彩节奏有以下几点：

（1）色彩设计元素相互交替，有规律地出现。

（2）形式是重复、渐变、交替。

（3）至少不低于3～4个能形成连续节奏变化的色彩设计元素，其数量的增加常常可以加强色彩节奏的表现力。但在设计中过多重复相同的色彩元素，又会造成枯燥乏味。

（4）色彩节奏的视觉效果很大程度上取决于形成色彩节奏的元素所产生的造型特征。

服装色彩设计的各大元素（形状、面积大小、位置等）都可以被运用于色彩节奏原理中，比如色彩采用变色交替的条纹，可以在服装上形成节奏效果。

二、种类

色彩节奏可分为有规律性的节奏和无规律性的节奏两种：

（一）有规律性的节奏

作为服装色彩设计的构成元素有规律性的重复出现，视觉上较为机械、不生动，例如波褶层层整齐排列的裙装或数层间隔相等的裙摆，色彩面积大小呈现有规律的节奏感。有规律性的节奏色彩设计形式在遵循传统设计美学的高级女装的作品中被大量采用，YSL、Givenchy、Ungaro、Valentino等设计大师都曾推出无数此类形式的作品。（图4-13）

图4-13 裙子配色呈有规律性的节奏关系

（二）无规律性的节奏

服装色彩设计的构成元素在空间的设置上虽反复出现，但无规律可循，在视觉上表现为抑扬顿挫、时强时弱。无规律性的节奏能产生活泼生动的效果，例如裙装，通过打褶手法所产生的波浪富有变化，色彩面积大小缺乏规律，呈现无规律的节奏感。无规律性的色彩节奏设计思维反映了现代服装设计的方向，新生代设计师，如Galliano、McQueen、Westwood等人的作品中经常出现这种倾向。（图4-14）

（三）渐变性的节奏

服装色彩设计的构成元素在空间上呈渐变性的设置，表现为形状、面积等依次排列，或者是物理量上的变化，如由小到大、由大到小，或者是色彩性质上的变化，如由浅到深、由深到浅、由冷到暖、由暖到冷、由有彩色到无彩色、由无彩色到有彩色、按照光谱或色阶依次排列。渐变性的节奏是一种有规律的形式，具有机械美感。（图4-15）

4-14 Westwood 擅长无规律性的节奏色彩设计

图 4-15 渐变性的节奏配色运用

第五节 色彩强调与呼应

色彩的强调与呼应是色彩设计的一对形式原理组合，体现出既有重点和突出部分，但又与其他色彩有联系，是对立和统一的关系。

一、色彩强调

色彩强调是在同一性质色彩中，加入不同性质的色彩，以突出某部位的色彩效果，起到吸引人们视线和兴趣的作用。强调色彩运用的目的是打破整体色彩单调乏味的感觉，使整款色彩设计产生跳跃感并富有活力。强调色彩一般选取一种，不宜过多，否则容易分散人的注意力，造成无中心、无秩序状态。

在具体运用中，应根据具体情况选择不同形式的色彩，在色彩的性质、面积大小、形状、视觉位置等方面进行构思。就色彩性质而言，这是起到强调作用的最佳形式，强调色彩往往与其他色彩在明度、纯度呈相反特性，如高明度配低明度、高纯度配低纯度。就色彩面积大小而言，强调色彩一般选择较小面积，尽管用色量在整体色彩中占据比例不大，但由于其色感和色质的作

用使整体色彩之间产生差异性,吸引观者的注目,形成视觉中心,如图手镯色彩即是(图 4-16)。强调色彩面积大小应视整体情况而定,服装整体宽松超长,色彩面积较大,相应强调色面积可大些。如果面积过于大则无强调效果,重点不突出,从而破坏整体色彩设计效果。服装紧身短小,色彩面积较小,强调色面积可小些。如果色彩面积过于小则不容易吸引人的视线,无法起到凸显作用。就色彩形状而言,独特造型往往能引领视线,起到强调作用。与服装其他方面相比,服装配件特别适合强调色彩的运用,如头饰、蝴蝶结、花饰、围巾、丝巾、纽扣、结饰、腰带、手镯、胸针、挂件、鞋等。就色彩的位置而言,强调色彩一般放在人眼容易注视的部位,这是设计的重点和视觉的中心,如头部、颈部、肩部、领部、胸部、袖肩、袖口、腰部等;如果强调色彩放在膝盖以下能起到出其不意的效果。

服装色彩设计运用强调原理时还需处理好各色彩之间的主次关系。服装色彩设计应有重点,但若过于强调往往脱离整体,适得其反,这需要以主次概念加以协调。

图 4-16　色彩强调运用

服装色彩主次指服装各要素在色彩上的相互之间关系,体现在局部与局部、局部与整体主从地位上。服装色彩设计是设计师创意在色彩上的表现形式,其中每个色彩设置只是配合整体色彩构思,统一在一个总的主题下。但色彩和色彩之间担负着不同的角色,有主次之分,有的是主角,是主体色,起到主导性、方向性的作用;而有的则是配角,是辅助色,只有调和、配衬的功能。如此使整体色彩设计主题明确、主次分明,既统一又有变化。

在服装色彩设计中,主体色和辅助色是辩证关系,缺一不可。光有主体色,整体色彩单调乏味,缺乏生气;光有辅助色,缺乏一个统一色调起主导作用,色彩之间杂乱无章。因此主体色和辅助色是一对统一体,两者在依存中显示出其作用和重要性。

二、色彩呼应

服装色彩呼应表现为内衣与外套、上装与下装、服装与配件在色彩上建立起相互联系、相互照应的一种形式,这是使服装色彩获得统一和谐美感的常用方法。

服装各色彩之间并不是简单、孤立地存在,而是在色彩的色调、明度、纯度上带有某种关联性,表现在一种色彩在服装不同部位反复出现,产生互为照应的关系。因此在服装色彩设计中,往往选定某一色调,整体色彩围绕这一色调展开,这是服装色彩呼应较易入手的常用手法,而配色效果和谐悦目,如图外套、腰带和裙子均是橘色调,互为呼应,只是明度和纯度各有不同。(图 4-17)

呼应色彩在位置、面积大小等方面的构思必须服从服装色彩设计的整体需要，正确处理服装上下、内外的色彩关系。就位置而言，在一定距离设置呼应色彩效果较佳，过于接近或过于远离会显得琐碎，缺乏整体考虑。就面积大小而言，虽然色彩之间是局部与局部的关系，但也具有一定的主次关系，呼应色彩之间在面积上应有明显的差异性，面积过于相同效果不佳。服装上的呼应色彩不应集中于服装某一部位或某一品类，而应分散在上装、下装、内衣、配件等不同方面表现，通过呼应关系将色彩统一在一起，体现丰富性。

服装色彩的呼应是视觉流程运动，它能适当延长观者对服装注目时间，并能引导观者视线不断在服装的上下、左右、前后移动和变化。

图 4-17　色彩呼应运用

本章小结

艺术的形式法则是创作的基础，色彩搭配形式法则的重要性在于它是服装色彩设计的纲领性原则，并对色彩设计具体运用具有指导性作用。本章主要介绍了色彩比例、色彩平衡、色彩对比、色彩节奏、色彩强调与呼应五方面形式法则，每一原则均作了详细介绍，希望能真正了解其本意，体会在设计实例中的具体运用。

思考与练习

1. 按照色彩比例的黄金分割、根号比例、数列比例原理，分别在款式中进行色彩设计。
2. 按照色彩的对称平衡、不对称平衡原理，分别在款式中进行色彩设计。
3. 按照色彩的明度对比、纯度对比、色相对比原理，分别在款式中进行色彩设计。
4. 按照色彩的有规律性的节奏、无规律性的节奏、渐变性的节奏原理，分别在款式中进行色彩设计。
5. 按照色彩的强调、呼应原理，分别在款式中进行色彩设计。

第五章 服装色彩搭配基础

色彩在服装设计中起着先声夺人的作用，它以其无可替代的性质和特性，传达着不同的色彩语言，释放着不同的色彩情感，同时也起着传情达意的交流作用。服装色彩语言的组织，需要多种因素的相互作用，才能达到合理的视觉效果，组成和谐的色彩节奏。色彩搭配是多种因素的组成和相互协调的过程，同时也遵循着一定的规律。

第一节　以色相为主的色彩搭配

以色相为主的色彩搭配是以色相环上角度差为依据的色彩组合,体现出的视觉效果或和谐、或刺激。以色相为主的色彩搭配,大致可分以下几大类:(图5-1)

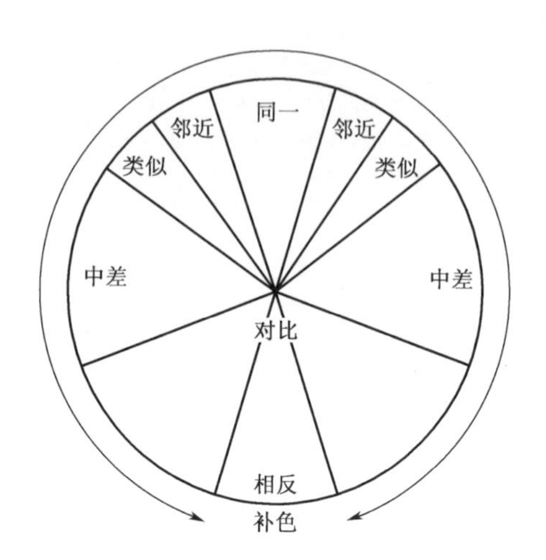

图5-1　角度配色

一、同一色相(单色色相)组合

同一色相指色相环上约呈0~15度范围的某一色彩或两种色彩。由于系同一色相,色相之间处于极弱对比,搭配时色彩易给人以一种温和安静感。(图5-2)

同一色相组合主要通过色彩的明度、纯度变化以达到不同设计效果。色彩明度、纯度变化甚小,则显得沉闷单调;但是色彩之间的明度、纯度层次拉开,即可产生明快丰富之感。

图5-2　同一色相组合配色运用

二、邻近色相组合

邻近色是指色相环上任意颜色的毗邻色彩,色彩之间约呈15~30度的范围,如红色的邻近色是橙色和紫色，黄色是绿色和橙色，蓝色是紫色和绿色。邻近色的色彩倾向近似，具有相同的色彩基因，色彩之间处于较弱对比，色调易于统一、协调，搭配自然。若要产生一定的对比美，则可变化明度和纯度，例如蓝色与紫色属邻近色，如果提高或降低其中一色明度或纯度，则色彩差异较明显。（图5-3）

图5-3 邻近色相组合配色运用

在色相环上，邻近色搭配由于左邻右舍色彩的不同倾向，整体效果完全不同。以红色为例，红色的邻近色包括橘色和紫色，红色与橘色相配，色调更暖，隆重而热烈；而与紫色相配，色调偏冷，带有高贵和奢华感。此外，黄色也具有相同情况，其邻近色是橘色和草绿色，黄色与橘色搭配明亮而火热，与草绿色搭配清新而爽快。

三、类似色相组合

类似色是指色相环上呈30～45度范围的色彩。相对于邻近色，类似色呈现一定的距离感，其色彩组合调和自然，视觉和谐悦目，同时也给人以一定的视觉变化感，例如黄色与咖啡色、紫色与绿色。（图5-4）

四、中差色相（稍具不同色相）组合

中差色相是指色相环上约呈45～105度范围的两种色彩，色彩相距不远也不近。由于色相之间处于一定的对比关系，色彩性情体现较明确，所搭配色彩既不类似又无强烈的差异性，显得较为暧昧。同时中差色彩之间有一定的纽带联系，在搭配时能产生一定的协调美感，如红色与黄色这对中差色组，都带有橘色的基因。（图5-5）

图5-4 类似色相组合配色运用

图5-5 中差色相组合配色运用

五、对比色相组合

对比色相是指色相环上约呈105～180度范围的两种色彩，色彩相距较远。由于色彩相处关系接近对比，色彩在整体中分别显示个体力量，色彩之间基本无共同语言，呈较强的对立倾向，因此色彩有较强的冷暖感、膨胀感、前进感或收缩感。过于强烈的对比，易产生炫目效果，例如橙与紫、黄与蓝、绿与橘等。（图5-6）

图5-6　对比色相组合配色运用

对比色相较能体现色彩的差异性，能使不起眼的色彩顿显生机。例如本具有忧郁倾向的蓝色与黄色相配时，由于黄色跳跃和动感衬托，也显得活泼些。

六、补色色相组合——正对180度方向

补色色相是指色相环上约呈180度范围的两种色彩。补色对比是色彩关系在个性上的极端体现，是最不协调的关系。两种补色互相对立，互相呈现出极端倾向，如红与绿相配，红和绿都得到肯定和加强，红的更红，绿的更绿。如图同一色彩和款式，但明度、纯度各有不同，呈现出不同效果。（图5-7，图5-8，图5-9，图5-10）

补色色相组合在视觉心理上能产生强烈的刺激效果，是服装色彩设计的常用手法，能使色彩变得丰富和夺目，显示出浓浓的活力和朝气。但运用补色对比需要有高超的色彩观，运用低纯度、高明度，或明度差、纯度差，能产生相对协调效果，变不和谐为和谐，否则极易产生生硬效果，成为设计的败笔。英国著名设计师John Galliano擅长运用此类对比手法，在其品牌2010年春夏季作品中大量采用补色色相，通过面料和配饰色彩之间的相互对比和穿插呼应，达到整体和谐的效果。（图5-11）

图 5-7 补色色相组合配色运用

图 5-8 高明度红绿色相对比

图 5-9 低明度红绿色相对比

图 5-10 适中明度、纯度红绿色相对比

图 5-11 John Galliano 2010 年春夏季作品

为使补色对比产生悦目和谐效果，常采用以下几种方法：

（一）提高补色色彩的明度

将补色双方的明度共同提高，这将稀释补色色彩的浓郁程度，降低火气。（图 5-12）

图 5-12 红绿双方的明度都很高

图 5-13 黄色和紫色在明度上具有明显差异

（二）降低补色色彩的明度

将补色单方或双方的明度共同降低，原本强烈的补色关系也随之缓解。（图5-13）

（三）在补色色彩之外加入其他具有明度差异性的色彩

通过在补色色彩之间加入其他色彩，避免补色双方直接接触。如图5-14，整款服装在的红色和绿色之间，以暗蓝色阻隔，起到缓解作用。

图5-14　红色和绿色之间加入了暗蓝色

图5-15　红色和绿色面积相差悬殊

（四）拉开补色之间的面积差

将补色相互之间的面积形成差异性，使一方具有压倒性的力量，能有效解除因色彩强烈对比而产生的刺激感。（图5-15）

七、红黄蓝的三色组合

三色间隔差大，能呈现出活泼、明快、明朗和动感。（图5-16）

八、全色相组合

选用色相环上的红、橙、黄、绿、青、蓝、紫，组成全色相搭配，气氛热烈，视觉突出。（图5-17）

图5-16 红黄蓝组合运用

图5-17 全色相组合运用

第二节 以明度为主的色彩搭配

以明度为主的色彩搭配主要体现在色彩的明暗关系，它是服装色彩设计的常用方法，体现出或柔和悦目、或深浅对比的视觉效果。明度性质在配色中产生的效果常与人的心理联想产生不同的感觉，如宁静、活泼、轻盈、厚重、柔软、挺爽等。一般而言，静的感觉体现在明度差小的色彩配置上，动的感觉体现在明度差大的配置上，适用于春夏服装及运动服装，设计具有前卫和运动效果。

以明度为主的色彩搭配，大致可分以下几大类：

一、明度差大

明度层次大的色彩之间的搭配，即极端明色与极端暗色的配色方法。明度差大配色能产生一种鲜明、醒目、热烈之感，富有刺激性，富有鲜明的时代特征，适用于青春活泼或设计新颖的服装中。例如无彩色的黑色与白色代表着明度差异最大的色彩搭配，著名品牌 Chanel 设计以其白色底料配黑色滚边而闻名，黑白色彩对比成为其品牌标志性语言。

此外，不同色相虽然明度差大，但具体色彩搭配呈现的感受各不相同，例如淡红与深红组合演绎着火一般的热情，而粉蓝与藏青组合则相对冷静，这主要由色相本身性质带来的结果。

由于明度差大，色彩之间需要通过面积的合理配置达到和谐，两者相近或大致相等将极大削弱双方对比力度，而拉开两者面积差将有助于体现设计效果。（图 5-18，图 5-19）

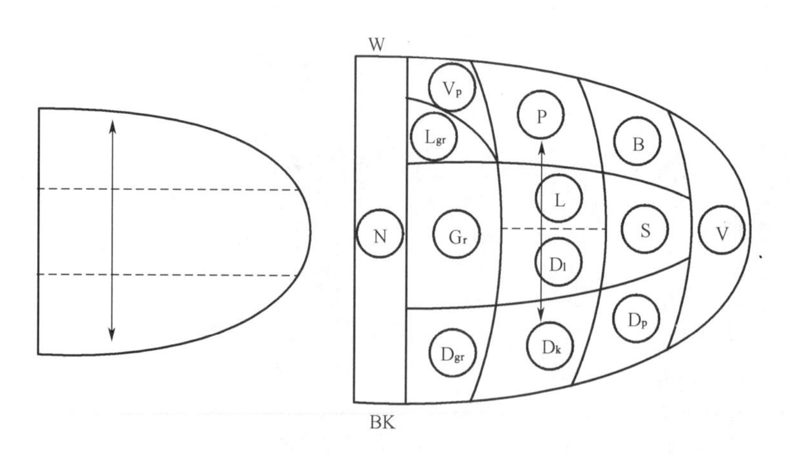

图 5-18 明度差大

图5-19 明度差大色彩搭配

二、明度差适中

明度差适中的色彩组合，效果清晰、明快，与明度差大的色彩相比更显柔合、自然，给人以舒适的轻快感，如棕色与黄色、湖蓝与深蓝等。

明度差适中色彩搭配可分为：

(1) 明色与中明色的配色，即淡色调与浅色调之间的搭配，色彩相对明亮，主要适合春、夏季服装的配色。

(2) 中明色与暗色，即中灰色调和深黑色调之间的搭配，与低暗调相比具有明亮感，庄重中呈现出生动的表情，较适合秋、冬季服装的配色。(图5-20，图5-21)

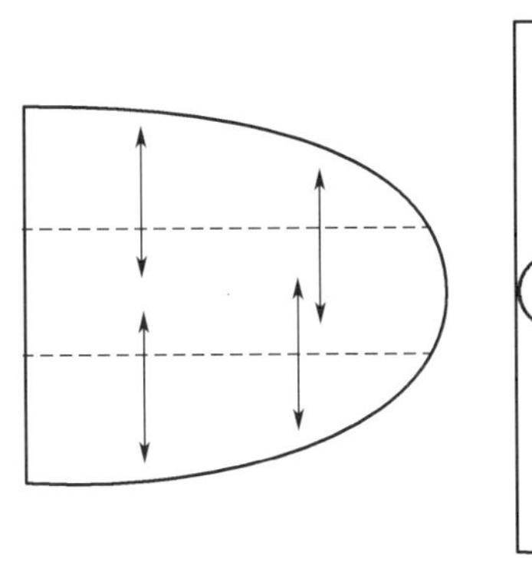
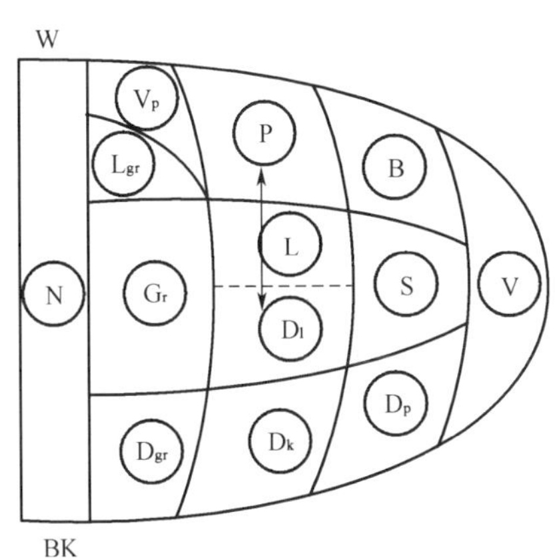

图5-20 明度差适中

图 5-21 明度差适中色彩搭配

三、明度差小

明度差小的色彩的搭配，效果略显模糊，视觉缓和，给人以深沉、宁静、舒适、平稳之感。这类色彩搭配整体和谐悦目，既可表现优雅的正装、礼服，也适用于风格传统保守的中老年服装。

明度差小色彩搭配可分为：

（1）偏于高明度色彩之间的搭配，色彩粉嫩，常用于风格浪漫的夏季服装或淑女装色彩设计。

（2）偏于中明度色彩之间的搭配，色彩中性，常用于风格典雅的春、秋季服装。

（3）偏于低明度色彩之间的搭配，色彩灰暗，常用于稳重的职业装和秋冬季服装。（图 5-22，图 5-23）

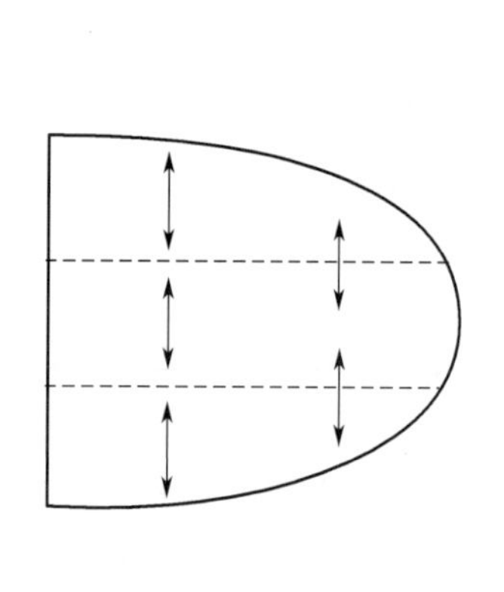
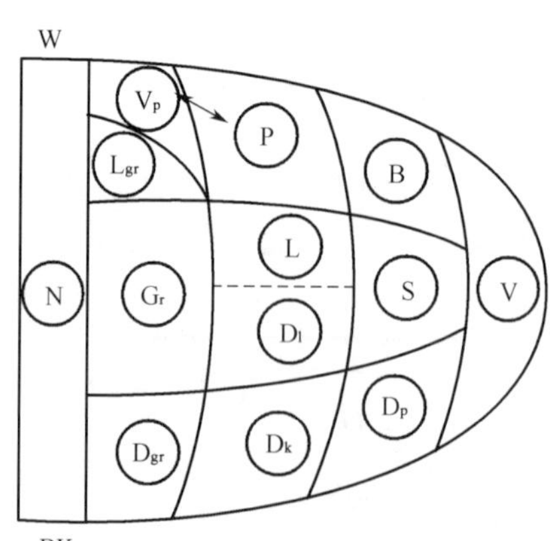

图 5-22 明度差小

图 5-23 明度差小色彩搭配

四、同一明度或明度差极小

同一明度或明度差极小的色彩相互搭配,较大程度地降低了视觉冲击力,与明度差大的搭配相反,它给人以静态美感,体现出古典主义风格特征,意大利设计师 Alberta Ferritti 的作品常体现这一特点。

同一明度或明度差极小的色彩搭配能体现出明度特征,依据各明度所能产生的感觉而呈现轻快、明亮、厚实、硬朗等不同感觉。例如浅色与灰白、明亮色调与活泼色调、深色与深灰、暗色与暗色间的搭配组合。(图 5-24,图 5-25)

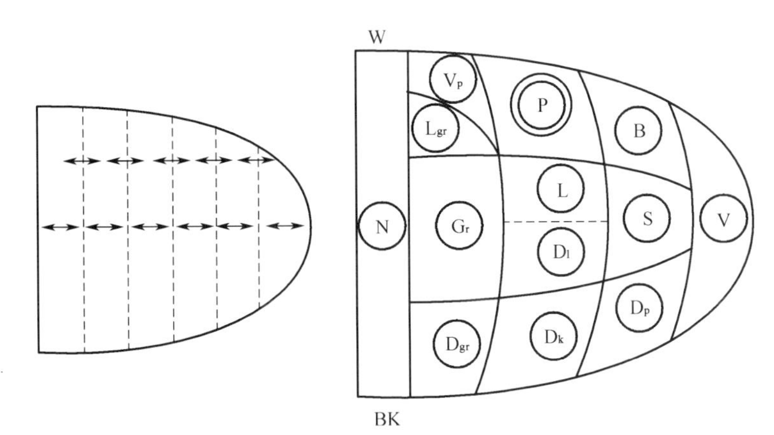

图 5-24 同一明度或明度差极小

图 5-25　同一明度或明度差极小色彩搭配

第三节　以纯度为主的色彩搭配

以纯度差别而形成的色彩对比体现出色彩之间的艳丽与灰暗关系，以纯度为主强的对比色彩搭配尤其能产生色彩的冲撞感。可以将色彩纯度分为 9 个等级，产生强、中、弱三种以纯度为主的色彩搭配，大致可分以下几大类：

一、纯度差大

纯度层次大的色彩之间的搭配，即极端艳色与极端灰色的配色方法。纯度差大的色彩搭配给人以艳丽、生动、活泼、刺激等不同感受，适合风格青春活泼、前卫新潮的服装设计，例如鲜艳色与黑白灰、鲜艳色与淡色、鲜艳色与中间色等组合。著名设计师 John Galliano 擅长运用这类配色方法。（图 5-26，图 5-27）

纯度差大配色可分为：

（1）以艳色为主、灰色为辅，大面积的艳色给人以热烈欢快感觉，适合运动风格和青春活泼服装设计。

（2）以灰色为主、艳色为辅，虽然有艳色点缀，但大面积灰色呈现出沉闷效果，适合职业类服装设计。

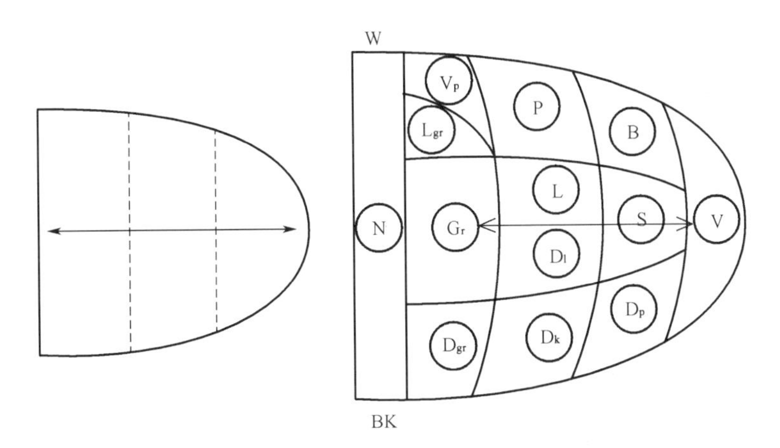

图 5-26 纯度差大

图 5-27 纯度差大色彩搭配

二、纯度差适中

纯度差适中的色彩搭配给人以饱满、高雅、明快等不同感觉，同时由于所搭配的纯度位置不同，产生强与弱、高雅与朴素等不同视觉效果。（图 5-28，图 5-29）

纯度差适中配色可分为：

（1）强色和中强色配色，即鲜明色色调和纯色调搭配，具有较强的华丽感，但不会形成过分刺激的感觉。

（2）中强色和弱色即纯色调和灰色调搭配，配色效果沉静中有清晰感。如是冷色为主色

调，则表现出庄重感；如是暖色调为主，则表现出色彩的柔和丰富感。

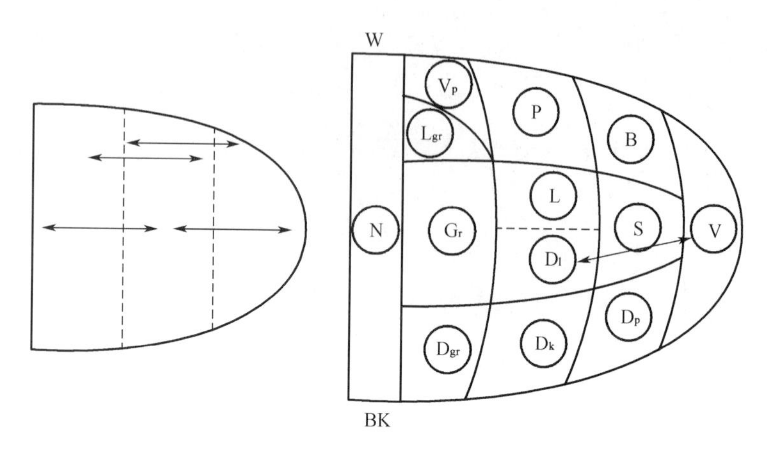

图 5-28　纯度差适中

图 5-29　纯度差适中色彩搭配

三、纯度差小

纯度差小的色彩搭配能体现各纯度的特征，通过所选择纯度而表现强烈或微弱等不同形象，有时为强调配色而以明度和色相的变化进行搭配。（图 5-30，图 5-31）

纯度差小配色可分为：

（1）偏于高纯度色彩之间的搭配，色彩奔放，常用于风格活泼的夏季服装或少女装色彩设计。

(2) 偏于中纯度色彩之间的搭配,色彩中性,常用于风格典雅的春、秋季服装。

(3) 偏于低纯度色彩之间的搭配,色彩灰暗,常用于稳重的职业装和秋冬季服装。

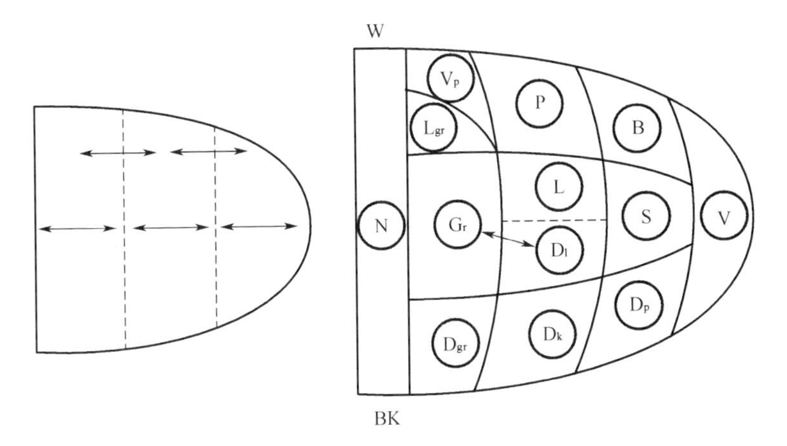

图 5-30 纯度差小

图 5-31 纯度差小色彩搭配

四、同一纯度或纯度差极小

同一纯度或纯度差极小能充分展现各纯度的固有特性,给人以强硬、平静、高贵等不同感觉。例如浅色调与浅色调、亮色与亮色等组合。(图 5-32,图 5-33)

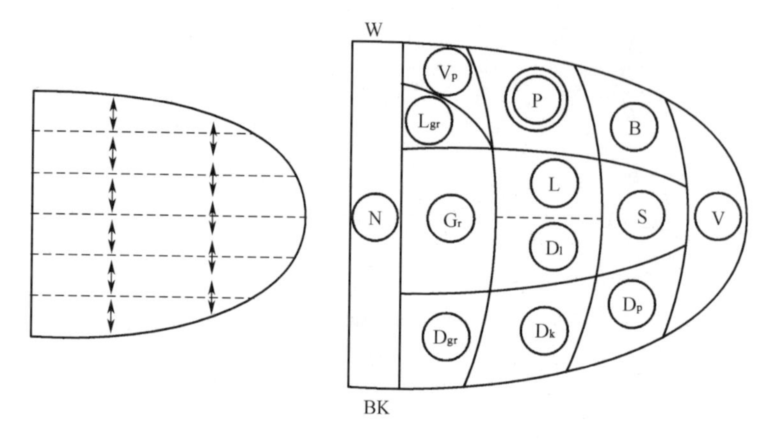

图5-32　同一纯度或纯度差极小

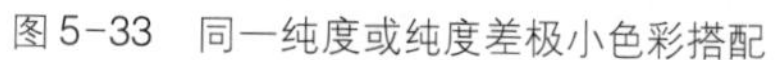

图5-33　同一纯度或纯度差极小色彩搭配

五、无彩色系

以黑、白、灰等无彩色系组成的色彩组合。它们是服装中最为单纯、永恒的色彩，有着合乎时宜、耐人寻味的特色。如果能灵活巧妙地运用组合，能够获得较好的配色效果：无彩色配色具有鲜明、醒目感；中灰色调的中度对比，配色效果有雅致、柔和、含蓄感；而灰色调的弱对比给人一种朦胧、沉重感。（图5-34）

图5-34 无彩色系色彩搭配

六、无彩色系与有彩色系

将无彩色系和有彩色系放置在一起的色彩设计。两者配色上能产生较好的效果，这是由于它们之间互为补充、互为强调，形成对比，成为矛盾的统一体，既醒目又和谐。通常情况下，高纯度色与无彩色配色，色感跳跃、鲜明，表现出活跃灵动感；中纯度与无彩色配色表现出的色感较柔和、轻快，突出沉静的性格；低纯度与无彩色配色体现了沉着、文静的色感效果。（图5-35）

图5-35 无彩色与有彩色搭配

七、以冷暖对比为主

将成对的冷暖色放置在一起进行对比的色彩设计，使视觉上产生冷的更冷、暖的更暖的效果。根据色彩给人的冷暖感觉，可分为：暖色调的强对比、中对比、弱对比；冷色调的强对比、中对比、弱对比。总体来说，暖调给人热情、华丽、甜美外向感；冷调给人一种冷静、朴素、理智、内向感。（图5-36）

图5-36　以暖色调为主的冷暖色彩对比

本章小结

本章转入实质性的色彩搭配训练，分别从色彩的色相、明度和纯度三个方面介绍了以其为主的色彩搭配，这些均是常用的色彩设计方法。由于搭配的侧重点各有不同，效果各异，需要认真体会、细细琢磨，通过色彩搭配训练和观摩设计师作品，提高配色能力。

思考与练习

1. 在款式图上运用同一色相（单色色相）组合、邻近色相组合、类似色相组合、中差色相（稍具不同色相）组合、对比色相组合、补色色相组合、红黄蓝的三色组合、全色相组合形式，分别进行以色相为主的色彩搭配练习。

2. 在款式图上运用明度差大、明度差适中、明度差小、同一明度或明度差极小组合形式，分别进行以明度为主的色彩搭配练习。

3. 在款式图上运用纯度差大、纯度差适中、纯度差小、同一纯度或纯度差极小、无彩色系、无彩色系与有彩色系、以冷暖对比为主形式，分别进行以色相为主的色彩搭配练习。

第六章 服装色彩搭配的综合运用

服装色彩千变万化，在具体色彩搭配中，因主体、风格，以及具体面积、形状和搭配等色彩构思因素不同需采用不同的手法，如此才能做到既协调又美观。本章讲述服装色彩搭配综合运用的几种主要形式。

第一节 支配式色彩搭配

支配式色彩搭配在各配色中均有共同的要素，从而创造出较为协调的配色效果，如以色彩的三个属性（色相、明度、纯度）中的一种属性或一种色调为主的配色方法。这种搭配方法易于取得稳定协调的配色效果。

图 6-1 以色相为主配色运用

一、以色相为主

以相同色相作为服装配色的主要形式，采用同一色系的色彩组合，兼有明度和纯度变化。由于服装整体色彩大体相同，色彩之间的关系显得较为平稳、安定、舒缓，适合表现风格甜美浪漫的少女或淑女服装。

以色相为主的色彩搭配是一种常见形式，视觉悦目，较易取得和谐效果。如图 6-1 是 Anna Sui 2006 年秋冬作品，整款设计主要采用不同倾向的橘黄色系，从衬衫、外套、裙子到拉杆箱的色彩都是纯度、明度各异的橘黄色系。

图 6-2 以明度为主配色运用

二、以明度为主

以色彩的明暗程度作为服装配色的主要形式，采用同一明度为主的色彩组合，兼有色相和纯度的变化。虽然明度差异不大，但色相各不相同，整体上能产生或明亮、舒畅，或凝重、抑郁等不同效果，个性鲜明，适合表现风格前卫的另类服装设计。

以明度为主的色彩搭配丰富多样，但由于色彩种类较多不易把握。如图 6-2 是 Kenzo 2010 年春夏作品，整款服装色彩包括紫色、翠绿、湖蓝、钴蓝、橙色等多种色相，色彩之间纯度也不相同，但各色彩明度大体接近。

三、以纯度为主

以色彩的鲜艳程度作为服装配色的主要形式，采用纯度为主的色彩组合，兼有明度和色相的变化。各类色彩争奇斗艳，虽然颜色不同，但是融合了同样艳丽、浑浊的色彩来配色，因此能产生相对平静、朴实、时尚，及华丽、雅致等不同的视觉感受，适合表现带有异域风情的服装设计。

以纯度为主的色彩搭配视觉冲击力强，若处理不当，容易给人以生硬、不协调感。如图6-3是Etro 2007年秋冬作品，纯度较高的橘红色、翠绿和更高纯度的嫩黄组成了鲜亮色组，深黑色裙子和包袋将整体色彩平衡和协调。

图6-3 以纯度为主配色运用

图6-4 以色调为主配色运用

四、以色调为主

以某一色彩总体倾向作为服装配色的主要形式，采用同色调为主的色彩组合，如红色调、蓝色调等。

由于选取了一个特定的色彩基调，色彩之间又存在内在联系，互不冲突，所以整体感强，各种配色效果也容易产生。如图6-4是Westwood2010年春夏作品，整款设计以藕红色和玫红色组成了红色调，既和谐又有变化。

第二节 重点式色彩搭配

在某部位以某种特定的色彩为重点设计点，其他色彩只起衬托作用。在色彩设计构思时，运用色彩之间的明度、纯度、色相的相对比来拉开色彩之间的关系，互相衬托，互相对比。通常这种辅助搭配所采用色彩面积较小，视觉醒目，重点突出。

一、以服装某部位为主

将服装款式的局部作为色彩构思的重点，突出其视觉效果，通过运用与其他部分不同的色彩，形成在明度、纯度或色相上的对比关系。色彩构思的部位主要分布在领口、胸前、门襟、袖口、袋口、下摆等处，运用镶、滚、嵌、拼、贴等手法，例如深色套装领口镶浅色滚边，适合职业女性穿着。法国著名品牌 Chanel 服装常在领、门襟、袖口、口袋等处运用镶拼色彩，而这类设计已成为该品牌的标志。(图6-5)

这类色彩搭配方式应注重色彩整体效果，由于色彩面积相对较小、分布分散，因此色彩宜两套为佳，套色过多不易整体把握，也易分散视线。

图6-5 领、门襟、袖的滚边镶色，是色彩设计重点

二、以服饰配件为主

将服饰配件作为色彩构思的重点，通过与服装色彩形成明度、纯度或色相上的差异，使配件成为整款服装的视觉焦点。配件相对于服装而言所占空间面积较小，其视觉效果在服装整体中处于次要地位，设计师应根据服装的整体需求，运用色彩对比手法，使配件在整体视觉中占据突出地位。

由于配件处于不同位置，大小各异，配色时需区别对待。帽子、挂件、眼镜、围巾等配件处于视觉中心位置，即使与服装色彩在明度与纯度上差异不大也具有重点式配色效果。而包袋、腰带、袜、鞋等配件相对离视觉中心较远，为突出其视觉效果，选择的色彩应与服装在明度和纯度上差异较大。(图6-6，图6-7)

图6-6 胸前挂件与服装在色彩上差异并不大，但视觉突出

三、以服装图案为主

服装上图案以单独纹样为主，视觉相对较集中。以服装图案作为色彩设计重点，可选用与服装在明度、纯度或色相上的对比色彩，使图案色彩产生醒目的视觉效果，例如浅色服装配深色图案、灰色服装配鲜艳色彩图案。(图6-8)

图6-7 红色腰带在服装整体色彩中醒目

图6-8 黑色服装与金色图案形成对比

第三节 渐变式色彩搭配

色彩用过渡变化的多种色彩配色,以此产生一种独特的秩序感和流动美感,这也是服装色彩常用手法之一。这种搭配方式除了包括色相、明度、纯度的各自渐变效果外,也包括色彩这三属性的综合运用。

渐变色彩在服装上注重运用表现色彩的美妙旋律,相对而言款式和细节设计成为次要方面,因此在设计中如何把握色彩与款式之间的关系显得格外重要。在处理渐变色彩中,服装造型宜整体,款式宜简洁大方,细节尽可忽略。

渐变色彩在时装设计中运用广泛。由于高科技的加入使印染技术突飞猛进,近年来,渐变色彩形式呈现多样性,有渐进式、突变式,也有色彩的互相渗透交融。通过在不同质料上的运用,渐变色彩以明度、纯度或色相形式产生独特的视觉效果,如2007年秋冬 Alberta Ferretti 在尼龙丝上运用明度渐变印染形式带来了未来感(图6-9),而 Michael Kors 则在粗针织结构中加入了色彩的明度渐变手法,使面料独具魅力。(图6-10)

图6-9 Alberta Ferretti 2007 年秋冬渐变色运用

图6-10 Michael Kors 2007 年秋冬渐变色运用

一、色相渐变式

以色相环所表示的红、橙、黄、绿、青、蓝、紫等色彩为依据，有规律性地渐变可形成如彩虹般的绚丽、灿烂。（图6-11）

色相渐变式搭配效果奇特，视觉冲击力强，但整体不易把握，因此是色彩渐变式搭配中最不易协调的形式。在具体配色时，由于色相对比强烈，为降低色彩视觉刺目感，可以相应地调整明度或者纯度，如图为LV 2007年秋冬作品，设计师运用了色相渐变式搭配，但明度和纯度均较低。（图6-12）

二、明度渐变式

以明度的渐进变化配色，从浅色至暗色，或从暗色至亮色。

色彩的明度渐变式搭配是常见的设计形式，由于色彩呈现出明暗变化，因此易于协调。此类手法为众多设计师所青睐，已成为近年来

图6-11 色相渐变式色彩搭配

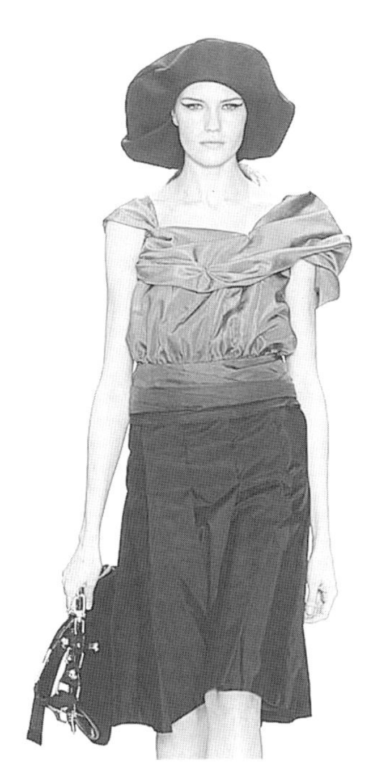

图 6-12 LV 2007 年秋冬作品

图 6-13 明度渐变式色彩搭配

女装流行的主要焦点，服装既有视觉变化，又和谐悦目。如图为 Missoni 2007 年秋冬作品，针织面料色彩由深灰逐渐推移至浅色，由深褐色逐渐推移至浅米色，效果独特。（图 6-13）

三、纯度渐变式

以纯度的渐进变化配色，从亮丽色至浑浊色，或从浑浊色至亮丽色。如鲜红色至灰色，灰色至鲜蓝色等。

由于整体色彩融合了鲜亮色和灰暗色，所以纯度渐变式色彩搭配相对于明度渐变式更具特色和魅力，在具体运用中可有针对性地加强其中一色的作用，凸显其视觉效果。如图为 Blumarine 2009 年春夏作品，裙装色彩由玫红渐变至深灰，而内衣与裙摆处色彩呼应，同时又衬托了玫红效果。（图 6-14）

图 6-14 纯度渐变式色彩搭配

本章小结

色彩搭配的综合运用建立在色彩搭配基础上，是前几个章节知识的积累和升华。本章主要介绍色彩搭配综合运用的几种形式：支配式色彩搭配、重点式色彩搭配、渐变式色彩搭配。通过具体形式和作品的分析，将有助于掌握色彩搭配的实用技巧和方法。

思考与练习

1. 分别以色相、明度、纯度、色调为主，运用支配式色彩搭配手法进行色彩设计训练。

2. 分别以服装某部位、服饰配件和服装图案为主，运用重点式色彩搭配手法进行色彩设计训练。

3. 分别以色相渐变式、明度渐变式和纯度渐变式形式，运用渐变式色彩搭配手法进行色彩设计训练。

第七章 服装色彩搭配的原则

色彩搭配原则是色彩设计的总体思路和指导方针,设计师根据所设定的消费目标和品牌风格采用相应的色彩形式。所遵循的原则有调和和对比两大类。

第一节 调和的原则

色彩调和是服装色彩设计的基本方法之一。色彩之间原本相异的关系,运用搭配的原则,找出它们之间内在的有规律、有秩序的相互关系,通过在面积大小、位置不同、材质差异等方面搭配,在视觉上既不过分刺激,又不过分暧昧。其突出特点是单纯、和谐、色调的统一,在单纯中寻求色彩的丰富变化,在和谐中求得色彩的明暗,产生平衡、愉悦的美感。

调和原则的色彩搭配主要有以下几种形式:

图7-1 同纯度、不同明度、色相的色彩组合

一、同一调和

同一调和即在色彩、明度、纯度三属性上具有共同的因素,在同一因素色彩间搭配出调和的效果。这种配色方法最为简单、最易于统一。同一调和分为单性同一和双性同一两种。

(一)单性同一

在色相、明度、纯度三属性中只保留一种属性,变化另外两种。包括:同色相,不同明度、纯度组合;同明度,不同色相、纯度的色彩的组合;同纯度、不同明度、色相的色彩组合。(图7-1)

(二)双性同一

在色相、明度、纯度三属性中保留两种属性,变化另外一种,包括无彩色系调和,以黑白及由黑白的调和产生的各种灰色组合,例如以黑、白、灰组成的色彩搭配为同色相、同纯度,不同明度组合。(图7-2)

此外还包括同色相、同明度,不同纯度色彩组合;同明度、同纯度,不同色相的色彩组合;同色相、同纯度,不同明度的色彩组合。

图7-2 同纯度、同色相,不同明度的色彩组合

二、类似调和

即色相、明度、纯度三者处于某种近似状态的色彩组合,它较同一调和有微妙变化,色彩之间属性差别小,但更丰富。

类似调和分单性类似和双性类似两种。

(一)单性类似

在色相、明度、纯度三属性中,一种类似,变化另外两种。包括:色相类似,明度、纯度不同的色彩组合;明度类似,色相、纯度不同的色彩组合;纯度类似,色相、明度不同的色彩组合。(图 7-3)

图 7-3 色相类似,明度、纯度不同的色彩组合

图 7-4 明度、纯度类似,色相不同的色彩组合

(二)双性类似

在色相、明度、纯度三属性中,两种类似,变化另外一种。包括:色相、明度类似,纯度不同的色彩组合;明度、纯度类似,色相不同的色彩组合;色相、纯度类似,明度不同的色彩组合。(图 7-4)

三、对比调和

对比调和即选用对比色或明度、纯度差别较大的色彩组合形成的调和。采用的方法有以下几种:

(一)利用面积对比达到调和

色彩的面积对比是指各种色相的多与少,大与小之间对比,利用其对比达到调和。也就是将对比双方的一色作为大面积的配色,另一色作为小面积的点缀,在面积上形成一定的差别,这样既削弱了对比色的强度,又使色彩处理得恰到好处。通常而言,服装上图案的用色是小面积色彩用来点缀,其色彩的纯度、明度相对大面积色更为丰富、活跃;有时,为了使点缀面积色彩突出醒目,可适当降低主面积的纯度、明度来避免过于刺激。对比色块间的面积与形状须有变化。如红绿相配时,应拉开两者之间的面积大小比例关系,形成其中一色占据绝对优势,否则视觉有过于刺激感。如是多种对比色色彩间的搭配,则应先确立主次关系,那种色组为主,那种为辅。(图 7-5,图 7-6)

(二)降低对比色的纯度达到调和

如果配色双方均是纯度较高的对比色,且面积上又相似,这样会使双方不协调。在这种情况下,降低一方或双方的纯度,会使矛盾缓和,趋于调和。(图 7-7)

图7-5 红与绿搭配,红色占据面积优势

图7-6 以蓝与桔为主的对比色搭配,也包括紫与黄的搭配

图7-7 对比双方蓝色和桔色中,蓝色纯度明显降低,达到调和

图7-8 在绿和红之间以白色分隔达到调和

(三) 隔离对比色达到调和

在对比色之间用无彩色系或金、银等色将其分隔,也可以在对比色之间以其他的间色将其分隔,从而产生视觉调和感觉。(图7-8)

（四）明度对比调和

明度差别大的色彩组合，其对比调和力量感强、明朗、醒目，由于强调了明度的差别，将会降低其他方面的对比。因此在色彩组合上应注意面积上的大小，如以其中一色为主，另一色为辅，拉开面积差异，避免造成视觉混乱。（图7-9）

图7-9　小面积白色与大面积深色形成对比

图7-10　红色在米色和灰色衬托下既艳丽又悦目

（五）纯度对比调和

纯度差别大的色彩组合，虽有对比感，但也效果生动，色彩通过纯度的差别显得饱满和优雅。例如红色与灰色、米色搭配，红色不仅被灰色、米色衬托得格外艳丽，而且也被灰色所控制而不刺眼。（图7-10）

第二节　对比的原则

除了色彩调和，色彩对比是服装色彩设计中又一基本方法，无论是色相对比、明度对比，还是纯度对比，其目的是活跃整体气氛，塑造热烈欢快效果，并对人的视觉产生冲击。对比原则即色彩之间的比较，是两种或两种以上的色彩之间产生的差别现象。

对比原则的色彩搭配主要有以下几种形式：

一、色相对比

以色相环上的色相差别而形成的对比现象。色相对比是服装色彩设计常用手法，其配色效果丰富多彩。色相对比分为以下几种：

（一）同种色相对比

配色是同种色，但是以色相的不同明度和纯度的比较为基础的对比效果。同种色相对比效果比较软弱、呆板、单调、平淡，但因色调趋于一致，可表现出朴素、含蓄、静态、稳重的美感。（图 7-11）

图 7-11 同种色相对比

图 7-12 类似色相对比

（二）类似色相对比

在色相环上相邻 30°至 60°左右对比关系属类似色相对比。对比的各色所含色素大部分相同，色相对比差较小，色彩之间性格比较接近，但与同种色相对比有明显加强。类似色相对比配色既统一又有变化，视觉效果较为柔和悦目。（图 7-12）

（三）中差色相对比

是介于对比色和类似色之间的对比，对比的强弱居中。具有鲜明、活跃、热情、饱满的特点，是富于变化、使人兴奋的对比组合。（图 7-13）

（四）对比色相对比

色相间是相反的关系，极端的对比色是补色，即红与绿、黄与紫、蓝与橙这三对。这类对比效果强烈、醒目、刺激，对比性大于统一性，不容易形成主调。（图 7-14）

图 7-13 中差色相对比

图 7-14 对比色相对比

二、明度对比

因为色彩明度的差异而形成的对比，也称色的黑白度对比。明度对比是色彩构成的最重要的因素，色彩的层次与空间关系主要依靠色彩的明度对比来表现。如果只有色相、纯度对比而无明度对比，色彩轮廓形状就无法、难以辨认。

为了便于分类和利用明度搭配的效果，将明度分为高、中、低 3 个阶段，高明度色彩是亮色系，低明度色彩是暗色系，中明度色彩是介于亮、暗之间的色系（图 7-15），不同明度基调具体表现如下：

高调：是由 7 至 9 级内的组合，具有高贵、轻松、愉快、淡雅等感觉。

中调：是由 4 至 6 级内的组合，具有柔和、含蓄、稳重、明确等感觉。

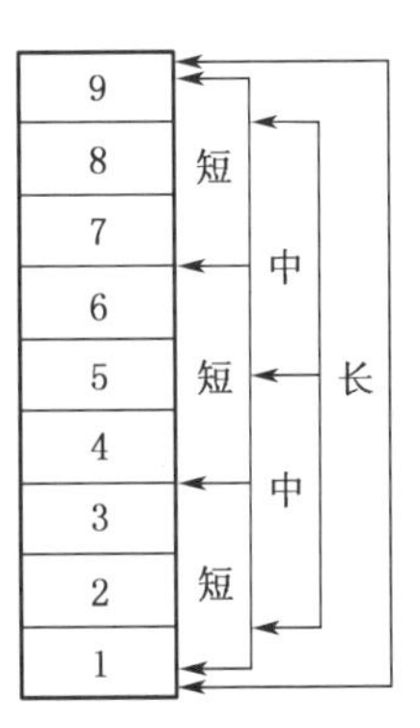

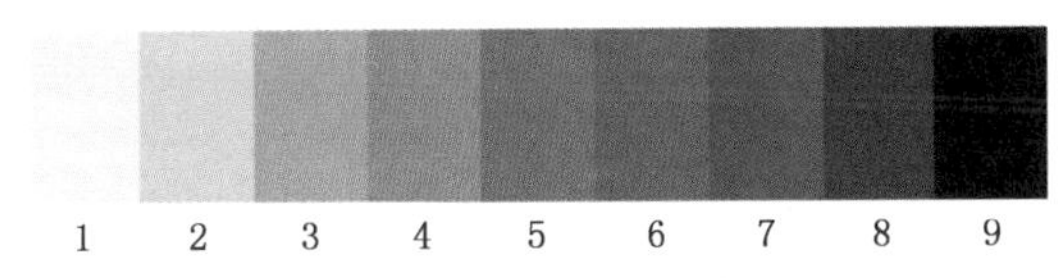

图 7-15 明度基调划分与对比

低调：是由1至3级内的组合，具有朴素、迟钝、寂寞、沉闷、压抑等感觉。

长调：对比差大的组合（相差6至8级），视觉强硬、醒目、锐利、形象清晰。

中调：对比差适中的组合（相差3至5级），视觉舒适、平静、有生气。

短调：对比差小的组合（相差1至2级），视觉模糊、晦暗、梦幻、不明确。

高、中、低3个明度基调，即类似明度、中差明度、对比明度，这3个明度基调通过类似、中差与对比的搭配可出现3组6种不同的色调基调：① 高短调、高长调，即高调中的短调对比和长调对比。（图7-16）② 中短调、中长调，即中调中的短调对比和长调对比。（图7-17）③ 低短调、低长调，即中调中的短调对比和长调对比。（图7-18）明度对比强弱是由色彩之间的明度差异程度决定的，其中高明度与低明度形成的对比效果最强烈。

图7-16　明度的高长调对比

图7-17　明度的中长调对比

图7-18　明度的低短调对比

三、纯度对比

由色彩纯度差别而形成的对比称为纯度对比，根据不同纯度关系的色彩对比效果，又可分为强、弱不同程度,而色彩纯度对比的强弱取决于纯度差。如以咖啡色为例,它在鲜艳底色的衬托下显得较为浑浊,而在混浊底色的衬托下则显得较鲜艳。

与明度对比分类相同,也可将纯度的阶段分为高、中、低 3 个部分。高纯度为鲜色系,低纯度为倾向灰的色系,中纯度是介于两者之间的中性色系。(图 7-19)不同纯度基调具体表现如下:

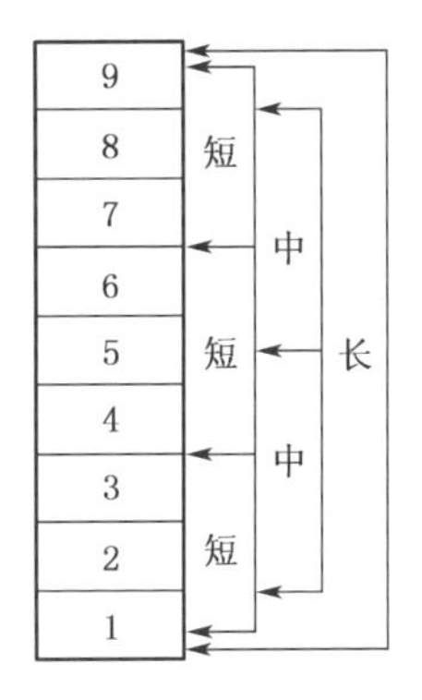

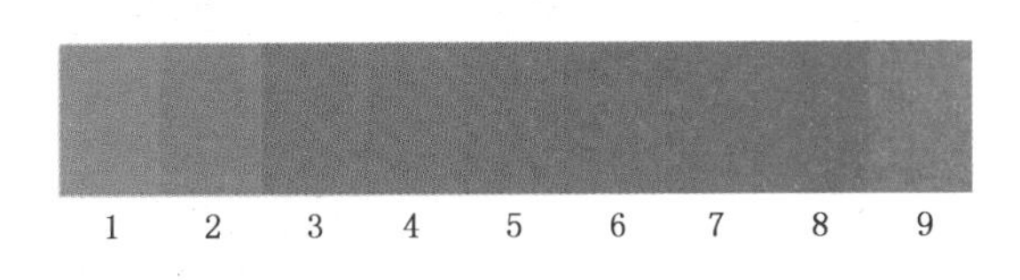

图 7-19 纯度基调划分与对比

高调:是由 7 至 9 级内的组合,具有刺激、奔放、热烈、醒目等感觉。

中调:是由 4 至 6 级内的组合,具有和谐、稳重、肯定、明确等感觉。

低调:是由 1 至 3 级内的组合,具有阴沉、厚重、寂寞、沉闷、压抑等感觉。

长调:对比差大的组合(相差 6 至 8 级),视觉鲜明、突出、锐利、有力。

中调:对比差适中的组合(相差 3 至 5 级),视觉悦目、和缓、确定。

短调:对比差小的组合(相差 1 至 2 级),视觉阴暗、沉重、幽静、低沉。

以高、中、低为基调,然后以类似、中差与对比纯度来进行搭配,可出现 3 组 6 种不同的效果:① 高短调、高长调,即高调中的短调对比和长调对比(图 7-20)。② 中短调、中长调,即中调中的短调对比和长调对比(图 7-21)。③ 低短调、低长调,即中调中的短调对比和长调对比(图 7-22)。基调形成色调搭配相对应为类似纯度、中差纯度、对比纯度。

图 7-20 纯度的高长调对比

图 7-21 纯度的中短调对比

图 7-22 纯度的低长调对比

本章小结

调和和对比是色彩设计具有指导性的两大方向。本章主要介绍服装色彩设计中运用调和和对比的不同方法，通过学习有助于全面理解服装色彩的设计内涵，把握色彩设计的总体思路，根据具体情况有针对性地选择与整体设计相适应的调和或对比原则。

思考与练习

1. 分别以同一调和中的单性同一、双性同一形式进行服装色彩设计训练。
2. 分别以类似调和中的单性类似、双性类似形式进行服装色彩设计训练。
3. 分别以对比调和中的利用面积对比达到调和、降低对比色的纯度、隔离对比色、明度对比、纯度对比方法进行服装色彩设计训练。
4. 分别以色相对比的同种色相对比、类似色相对比、中差色相对比、对比色相对比形式进行服装色彩设计训练。
5. 分别以明度对比的高、中、低 3 个基调进行服装色彩设计训练。
6. 分别以纯度对比的高、中、低 3 个基调进行服装色彩设计训练。

第八章 色彩错觉与服装色彩设计

由于人的视觉若是受到周围环境色彩的影响，会产生对色彩的错觉现象。比如说，同一种灰色，看上去深浅不一；同一色相的色彩，看上去鲜艳程度不一，这都是错觉现象。这些都是色彩的对比在起作用，只要有色彩对比因素存在，错视现象也必然产生。服装设计中会常利用这种错视效应进行特别巧妙构思，如利用色彩属性进行服装穿着的形体修正、视觉转移等，此外也用于大型晚会服装、特殊环境服装、运动服装等的色彩设计。因此研究色彩的各种错视现象，对于现代服装设计具有现实意义。

色彩错觉常见形式有以下几种：

一、色彩的正后像和负后像

长时间停留于某物体颜色会使视网膜产生疲劳，当眼睛转移至另一物体时，眼中的色彩影像不会立即消失而会停留一段时间，这种现象称为色彩的正后像。色彩的正后像因色彩的明度、纯度的不同而呈现不同感觉。对于黑色，其正后像是白色，而白色则是黑色。如凝视整片白色，再看其他色彩，其明度看上去更暗。同样如凝视整片黑色，效果则相反。

长时间停留于某物体颜色后移开，视觉刺激消失，眼中的色彩依旧保留与原有物体色成补色映像的视觉状态，这种现象称为色彩的负后像。例如当你凝视红色一段时间，然后移至白色区域，眼中会呈现出红色的补色——绿色，即原有的红色被绿色所代替。同理，黄色可被紫色所代替，橙色可被蓝色所代替。负后像是眼睛和大脑共同作用产生的结果。

二、色彩的冷暖错视

人们对于色彩的感觉中最为敏锐的是冷与暖，当两种性质完全相反的色彩并置在一起，可明显感到冷暖不同。主要色彩中，红色、橙色、黄色属暖色，蓝色属冷色，绿色、紫色属中性，其中各类色彩本身也有冷暖差异，如红色系中朱红比玫红偏暖，而藏青比湖蓝偏冷。但当性质相同的色彩并置时，人眼会产生色彩的冷暖错视，这是在与其他色彩的比较中产生的。例如属于暖色的黄色，与绿色并置明显有温暖感，但在比它更温暖的橙色陪衬下色彩属性略呈冷调，这是由色彩的冷暖错觉产生的。（图 8-1）

图 8-1　色彩的冷暖错视

图 8-2　色彩的色相错视

三、色彩的色相错视

当某一色彩与其他色彩并置在一起，由于受到周围色相的影响，色彩本身会产生色感偏移，这就是色相对比所引起的错视。例如，同样明度、纯度的黄色，分别放在红底和蓝底上，呈现出的色彩倾向是不同的，在红底色上的黄色偏橙色，而蓝色底色上偏绿色。这是因为，黄色分别受到红色和蓝色的影响，与其混合后在视觉上产生了偏差。（图 8-2）

四、色彩的明度错视

两种明度有差异的色彩放置在一起,在相互映衬下,明度越高的色彩感觉越明亮,而明度越低则越暗淡。同样形状大小的白色和黑色,白色在黑色衬托下更白,而黑色更黑。同理,将同一明度的灰色调,分别放在反差大的白色和黑色底色上,我们会发现,白色反衬下的灰色看上去更灰暗些,而黑色上的灰色看上去更显明亮些。同一色块,与低明度色相邻的部分,会略显亮些,而与高明度色相邻时,显得相应的暗些。(图8-3)

图8-3 色彩的明度错视

五、色彩的纯度错视

如果同一纯度的色彩,分别放置在纯度高低不一的底色上:高纯度底色上的色彩显得纯度低些,而低纯度底色上的色彩则相反,这就是纯度错视现象。例如橙色在红色底下不如在灰色底下鲜艳。(图8-4)

图8-4 色彩的纯度错视

六、色彩的补色错视

互为补色的色彩,如红和绿、黄与紫等,把它们并列在一起时,由于色彩产生的补色,会产生强烈的视觉冲击效果,使各自色彩的鲜艳度同时增加,所以,补色是对比色中对比程度最为刺激的一种。例如将红色与绿色并置在一起,红色比单独放更红,而绿色同样更绿。(图8-5)

图8-5 色彩的补色错视

七、色彩的面积错视

色彩也可以引起视觉上的面积大小的错视。将面积相等的不同色彩,填充在同一色彩上,会产生这样的现象:这一色比实际上的色块要扩大一些,或是缩小一些。这是因为在我们常规的视觉内,色彩具有膨胀感或冷缩感(图8-6)。暖色调的色彩有视觉扩散感,而冷色调则有收缩效果。如在日常着装上,体型丰满的人着暗色调色彩的服装可以使体型略显苗条,而着亮色调服装则更显丰腴富态。另外,同一面积的色彩放置在面积大小不等的底色上,最后的视觉反应也各异。

图8-6 色彩的面积错视

八、色彩的距离错视

在等距情况下观察,有些色有跃进感,近些;有些则有退缩感,远一些。这是与色彩的波长、明度密切相关。波长较长的暖色有前进感,而波长较短的冷色有后退感,例如红色与紫色并排放置,红色距离感近些,而紫色距离感远些(图 8-7)。色彩距离错视也与明度有关,明度高的色彩有前进感,而明度低的色彩有后退感。例如浅蓝色与深蓝色并排放置,浅蓝色距离感近些,而深蓝色距离感远些。

图 8-7　色彩的距离错视

九、色彩的重量错视

色彩同其他物体一样,也具有重量感,并不是实际意义上重量,而是色彩的综合属性给人们视觉上一种错视现象。色彩的重量错视与波长、明度有关。波长较长的暖色感觉较轻,而波长较短的冷色感觉较重,例如黄色与蓝色并排放置,波长较长的黄色感觉较轻,而波长较短的蓝色感觉较重(图 8-8)。明度高色彩感觉较轻,而明度低色彩感觉较重,例如粉红与深红并排放置,粉红较轻,深红较重。同一款服装,由于色彩不同感觉差异很大,如粉色调给人一种轻盈、欢快、飘逸感,如深色调给人沉重、稳定之感,这是由色彩重量错视产生的。

图 8-8　色彩的重量错视

十、色彩的边缘错视

色彩的边缘错视现象表现在色彩的纵横交叉,这是色彩之间明度对比产生的一种错视现象。以黑和白为例,在交叉点附近呈现出来淡灰色影像,而其余的白色部分看起来更白、更亮,明度对比(图 8-9)。1868 年奥地利物理学家 E·马赫使用一个黑白组成的圆盘,当圆盘高速旋转时,在圆盘 3 个不同灰度区域交界处会看到比较亮和比较暗的两条窄环,这条亮环和暗环被称为马赫带(Mach band)。这是一种主观的边缘对比效应,当观察两块亮度不同的区域时,边界处亮度对比加强,在明暗交界处感到亮处更亮,暗处更暗,轮廓表现得特别明显。如将白、灰、黑三种色彩并排放置在一起,可以发现,邻近白色的灰色部分看起来较暗,而邻近黑色部分看起来较亮。

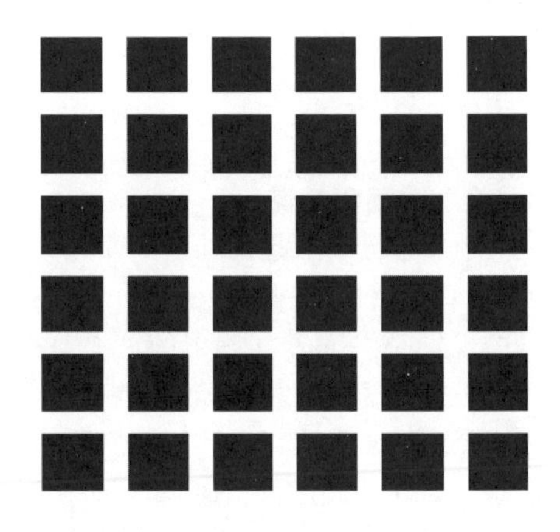

图 8-9　色彩的边缘错视

在有彩色的互相搭配中也会出现这种现象。以土黄色为例,在明色调为底的衬托下呈现的感觉较为暗,而在暗色调为底的衬托下呈现的感觉较明亮。

本章小结

本章主要讨论色彩给人产生错觉的几种形式，介绍了这些错觉在服装上的表现。对色彩的错觉现象研究可理解错觉与视觉关系，如有效运用于具体服装色彩设计中，将为服装设计带来新的视觉感受。

思考与练习

1. 思考错觉与视觉之间的关系。

2. 分别运用色彩错觉原理中的色彩的正后像和负后像、色彩的冷暖错视、色相错视、明度错视、纯度错视、补色错视、色彩面积错视、距离错视、色彩的重量错视、边缘错视形式进行服装色彩设计训练。

第九章 服装色彩设计的相关因素

服装色彩是服装设计的一个重要组成部分，对于色彩的整体构思涉及风格、材质、图案、肤色和配饰诸多因素。

第一节　服装色彩与设计风格

著名法国设计师可可·夏奈尔(Coco Chanel)曾说:"时尚会变化,而风格永存"。风格是塑造服装整体形象的关键,其中色彩同样扮演着极其重要的角色。

一、哥特风格色彩设计

(一)哥特艺术产生的相关背景

12世纪起,西欧步入了封建社会的鼎盛时期,经济复苏,城市繁荣,商业兴旺,宗教活跃,并开始酝酿资本主义的启蒙。此时各地争相兴建教堂,并且大加装饰美化,将此作为身份和地位象征,于是出现了以建筑为主体,包括装饰绘画和雕塑的艺术风格——哥特风格,一直延续至16世纪文艺复兴时期。

作为哥特艺术的代表——哥特建筑深受伊斯兰文化的影响,摒弃了罗马式的圆筒形屋顶,创造出带肋拱顶结构,使建筑不必全由外墙和柱子承担,如大幅的玻璃窗洞占据着拱柱下的所有空间,采光更好。通过频繁使用纵向延伸的线条,使建筑高耸入云,使人有置身于天国感受,四根大柱支撑高高的拱顶,由此产生出直线和流线型的外观效果。呈锐角的拱窗是哥特建筑艺术的一大特征,它还成为画家的绘画天地,油画由画家凡·爱克兄弟(Van Eyck)发明并用于玻璃上,彩绘玻璃的使用透过阳光的照射使教堂高旷的内部空间似"天堂世界",在阴暗的室内交汇成奇异景象。

(二)服饰和色彩

哥特服饰丰富多样,因其中世纪的历史背景而带有神秘色彩。在现代哥特风格服装中,设计师力求塑造诡异、凄凉,甚至恐怖血腥气氛。整体设计呈现夸张和另类效果,并带有明显的中性感。

哥特时期服装廓形一般上身合体,下身逐渐宽敞。衣袖较有特色,多为半长袖的喇叭口状,露出内袖。袖形呈蝙蝠状,上臂宽松,肘部以下收紧,有的袖子腋下或臂弯处开口,使胳膊能自由伸出。一般领口、袖口和下摆均有饰边。腰部无接缝,腰带系得很高。日常主要款式裙装外形修长,下摆多褶,造型肥大呈喇叭状,裙后摆部分较长,走动时需托起以免碰地面。整体设计呈现夸张和另类效果,并带有明显的中性感。

哥特风格服装的色彩设计突出了阴森、奇特氛围,具有一定的对比效果。具体表现为:

1. 以黑色为主的配色

受宗教思想影响,哥特风格服装常用色彩为深浅不一的黑色,神秘、沉重、压抑的黑色最能传递哥特风格的精髓。哥特风格化妆也注重渲染神秘和恐怖气氛,细眉、浓浓的黑眼线、黑色的指甲、黑色唇膏或深色的口红是常见妆容形式,与苍白的皮肤一起体现僵尸般的效果。2003年秋冬哥特风格波及世界各大时装周,黑色系列大流行,束腰缎子大衣、斜裁长袍等服装,及十字架、宽领带等配件均以恐怖的黑色出现。(图9-1)

图 9-1　以黑色为主调的哥特风格女装设计

图 9-2　以红色为主调的哥特风格女装设计

哥特风格在色彩上的恐怖渲染影响了上世纪 70 年代朋克服饰，两者都选用了黑色为主要色调。

2. 运用各类纯色系列

哥特式教堂窗户上的各式宗教题材玻璃镶嵌画，色彩纯正浓郁，以此为灵感的服装色彩设计常选用纯色系列，但明度和纯度相对降低，如深藏蓝、暗红等。发型头饰夸张高耸，色彩除了黑发，还有漂白过的金发、红发或紫发等。在 2006 年秋冬设计中，John Galliano 在款式、色彩等方面具有非常明显的哥特风格特征，遍地红色的秀场就像一个充满血腥的刑场。他在服饰色彩设计中运用了暗红色，外加一些夸张而富有基督教风格的配饰，突出了恐怖的哥特氛围。（图 9-2）

3. 色彩的虚幻表达

哥特风格色彩常采用左右不对称形式，如衣身、衣袖、裤袜等色彩之间的搭配，突出强调对比效果。同时现代设计师常利用各类材质的色彩差异，进行相互穿插，使面料外观具有透叠感，表现哥特风格的空灵、虚幻效果。（图 9-3）

图 9-3　以面料之间的透叠呈现出色彩的虚幻效果

二、古典主义风格色彩设计

（一）古典主义产生的相关背景

古典主义源于古典艺术，古典艺术通常包括公元前12世纪至公元前4世纪的古希腊艺术、公元前8世纪至公元5世纪的古罗马艺术和14至16世纪旨在复兴古希腊、古罗马艺术的意大利文艺复兴时期艺术，这些艺术主要体现出理性、典雅、优美、单纯等审美特征。古典主义是产生于17世纪法国的一种艺术思潮，它首先表现在文学和戏剧崇尚理性主义，倡导共性和严格的规范。古典主义同时影响到艺术，在美术中表现为以古希腊和古罗马艺术为楷模，以模仿写实为基本手段，在观察对象的基础上复制美的概念，强调理性和客观，排斥感情和主观。

图9-4　1944年Gres设计的古典主义风格白色女装

古希腊艺术是西方文明的摇篮，它推崇精确的造型、合理的比例和节奏变化。文艺复兴运动以复兴古希腊、古罗马的艺术和准则为目标，在雕塑和绘画作品中，无论在题材还是创作手法上都大量运用古希腊的审美理论，将古典艺术再次回归。17世纪古典主义的艺术审美标准源于古希腊艺术的创作法则，继承了欧洲文艺复兴运动精髓，并将此审美标准继续发扬光大。

古希腊建筑、雕塑和服饰色彩均以白色为主，正如德国美学家温克尔曼（Winckelmann）对古希腊艺术的评价——静穆的伟大和高贵的单纯。（图9-4）

（二）服饰和色彩

古典主义风格服装概括为单纯、传统、保守，相对而言冲撞感不强烈，较少运用对比手法，没有过多的装饰细节和复杂搭配，但设计注重穿着功能性，注重服装的内涵，重视穿着者的气质与服饰的协调，以此配衬穿着者的个性。因此古典主义服装常常表现为优雅、完美、整体、实用，并流露出精致舒适的生活方式、表现形式。

古典主义风格服装借鉴了古希腊、古罗马艺术特征，注重外形的柔和和甜美，以舒缓、合理曲线展现女性体形曲线，展现一种田园般的宁静。如古希腊的基本服装Chiton，服装以各类羊毛、麻或棉等为材质，不经缝纫，将一整块四方布料通过翻折包裹躯体，长度长于穿着者的身高，在肩部以金属别针固定。虽然服装以布料自然状态包裹人体，没有一定的造型，但穿在身上随着走动即呈现出人体的自然曲线。因面料特别宽肥，腰间系带后衣身上下产生无数细密褶裥，在视觉上，这种褶纹与建筑的柱式有异曲同工之妙。

古典主义风格服装的色彩设计强调单一、简洁，不强调对比，视觉较和谐。具体表现为：

1. 以单色为主的配色

古典主义风格服装在具体色彩搭配上以无花纹的单色为主，偏向于庄重素雅和纯度低的各类色彩，例如白色、米色、灰色、棕色、暗紫、墨绿、蓝色和黑色等，其中质地不同、感觉各异的白色系列最能表现内敛、庄重、高雅的古典主义风格特点。法国设计师Madeleine Vionnet在20世纪

30年代曾以其擅长的斜裁法设计礼服,以丝质布料的悬垂褶裥创造出瀑布般的流动感。她的作品完全采用纯白色,凸显出古希腊艺术的精髓。20世纪50年代Dior的“新风貌”设计也遵循了合理、秩序、简洁的古典主义美学,采用低纯度的米色、黑色、白色等单色设计。以古希腊服饰为灵感的当代设计师Alberta Ferretti和Sophia Kokosalaki在作品中也广泛运用单一的低纯度色彩,营造高贵、庄重的着装效果。(图9-5)

图9-5　意大利设计师Alberta Ferretti擅长单色为主的色彩设计

2. 多色搭配

这种搭配多以两种为主,虽然是多色,其实质仍然是单色的延续,其中一色占据较大面积,另一色往往来自配件,只作为点缀和装饰。这种面积差异使其中一色成为视觉焦点和主体,而另一色则无关紧要,是配衬。在搭配中,色彩或者属同色系,或者属邻近色系,相互之间的配色关系注重协调和悦目,避免强烈和跳跃的对比效果,如意大利Alberta Ferretti 2010年春夏和秋冬设计的古典主义风格女装配色。(图9-6)

三、浪漫主义风格色彩设计

(一) 浪漫主义产生的相关背景

浪漫主义(Romanticism)是一种文学艺术的基本创作方法和风格,与现实主义同为文学艺术史上的两大主要思潮。浪漫主义一词源出南欧一些古罗马省府的语言和文学,这些地区的不同方言原系拉丁语和当地方言混杂而成,后来发展成罗曼系语言(the Romance languages)。在11～12世纪,大量地方语言文学中的传奇故事和民谣就是用罗曼系语言写成的。这些作品着重描写中世纪骑士的神奇事迹、侠义气概及其神秘非凡,具有这类特点的故事后来逐渐被称为romance,即骑士故事或传奇故事。

18世纪末至19世纪初法国经历了大革命的洗礼,年仅30岁的拿破仑被任命为第一执行官,1804年,法兰西帝国成立,拿破仑登基。此时资产阶级处于上升时期并确立了地位,追求的个性解放、强调自我和感情自由的人权思想日益深入人

图9-6　一色为主、另一色为辅的搭配

心，成为社会风尚。新生资产阶级在政治上反抗封建主义的统治，在文学艺术上反对古典主义那种崇尚一成不变的美的模式，反对束缚艺术发展的条条框框。为适应这样的需要，作为文艺思潮的浪漫主义风格应运而生。

浪漫主义风格源于19世纪的欧洲，它主张摆脱古典主义在形式和内容上过分的简朴和理性，反对艺术上的刻板僵化。作为一种创作方法，浪漫主义意指某种戏剧性的矫揉和伤感的理想主义，强调个性发展和主观认识，侧重表现理想世界，把情感和想象提到创作的首位。浪漫主义善于抒发对理想的热烈追求，热情地肯定人的主观性，表现激烈奔放的情感，常用超越现实并具瑰丽色彩的想象、热情奔放的语言和夸张的手法塑造理想中的形象，将主观、非理性、想象融为一体，使作品更为个性化，更具有生命的活力。

（二）服饰和色彩

浪漫主义风格服装在创作中强调主观与主体性，总体风格注重廓型对比，突出女性曲线美感，呈现对比美感。设计充满了少女情怀。

1825—1845年间的欧洲女装被认为是典型的浪漫主义时期，其特点是细腰丰臀，大而多装饰的帽饰，注重整体线条的动感表现，服装能随着人体的摆动而呈现出轻快飘逸之感（图9-7）。下摆装饰荷叶边，还有很多缎带、蝴蝶结、刺绣、花边及人造花等。腰线由19世纪末帝政风格的高腰结构（胸下收紧直身向下至脚踝，呈上紧下松感觉）转为正常自然腰线，浪漫主义服饰在造型、细节和配件上带有15世纪和16世纪宫廷女装影子，追求精致和华贵，穿着者不免有孤芳自赏之感。

图9-7　1835—1837年浪漫主义风格女装

现代浪漫主义风格服装在款式上强调结构，人体的公主线成为关注重点，通过裁片的分割产生曲线美感。还有修饰胸部的分割线，以达到完美呈现女性体态的目的。上装款式注重领、袖的款式结构，腰线设置合乎人体结构。裙身较长，以盖住脚踝居多，裙摆处装饰复杂。

浪漫主义风格服装的色彩设计给人以飘逸、轻盈感觉，色相明确，色调悦目。具体表现为：

1. 粉色调

强调柔和、安宁，高雅而和谐效果，尤其是运用高明度低纯度的粉彩色，这种色彩对比度很低，在保持低调的同时又总是让人充满希望，如纯洁的白色、温柔的浅粉、宁静淡雅的粉蓝、粉绿等。由于广泛采用绸缎、蕾丝、缎带和绢花等材质，以及繁花似锦的装饰图案，设计充满缤纷色彩和精美装饰，婚纱服装就属此类典型设计。再如擅长浪漫主义风格的黎巴嫩裔设计师 Elie Saab 在礼服设计中常运用轻柔、悦目的粉色，结合薄纱、闪缎、流苏、珠光面料的运用，以斜裁、皱

褶等裁剪手法产生飘逸华美效果。(图9-8)

2. 亮丽色调

带有乡间、民俗的搭配效果,呈现热烈、奔放的情调。在经历了“9·11”之后,2002年春夏出现了一种全新的浪漫、妩媚、性感、柔软乃至奢华的气息,这种冠名为“新浪漫主义”的女装融入了诸如波希米亚和各地民族风情,塑造出甜美优雅的都市女性形象。相对与传统的浪漫主义,这类女装色彩饱和亮丽,纯度、明度均高些。如果面料呈碎花图形,则整体色彩显得纷繁,搭配配件时可考虑选择面料中的一种色彩作协调之用。(图9-9)

图9-8 粉色调的浪漫主义风格女装设计,2007年Valentino春夏高级女装

四、巴洛克风格色彩设计

(一)巴洛克风格产生的相关背景

巴洛克(Baroque)一词源于葡萄牙语“Barroco”,后演变为法语的“Baroque”,原是珍珠采集行业的术语,意为一种巨大的、不合常规的珍珠,引申出不圆的珠子、奇特和古怪等含义,泛指奇形怪状、矫揉造作的风格。巴洛克艺术产生于17世纪初的意大利罗马,全盛于整个17世纪。进入18世纪,除北欧和中欧部分地区外,巴洛克艺术逐渐衰落,其前后共持续约150年。

巴洛克艺术原本是17世纪突出华贵、过于炫耀的建筑风格,虽有矫饰主义影响,但去除了那些暧昧、松散成分,追求结构复杂多变,富有动势,运用娇柔的手法(如断檐、波浪形墙面、重叠柱等)以及透视深远的壁画、姿势夸张的雕像,使建筑在透视和光影的作用下产生强烈的艺术效果。在内部装饰上追求豪华氛围和动势与起伏的形态,大量采用起伏曲折的交错曲线,强调力度变化和运动感,使整个建筑充满了紧张、激情和骚动,如圆屋顶、弧形大扶梯等的运用。

巴洛克风格特别强调建筑的立体感和空间感,追求层次和深度的变化。同时注意建筑和周边环境的综合协调,把广场、花园、雕塑、喷泉和建筑有机的结合成一个整体,如布局精美的庭园、气势恢宏的广场,以及喷泉、走廊和雕刻等,都与建筑物浑然一体。

图9-9 亮丽色调表现

（二）服饰和色彩

巴洛克风格指17世纪欧洲服装款式，它过于追求形式美感和装饰效果，从而给人以繁杂、气势宏大感觉。受到当时主宰一切的宫廷贵族审美趣味的影响，巴洛克服饰充满了梦幻般的华贵、艳丽，以及过于装饰性的奢华、浮夸，以路易十四和路易十五的伟大和显赫。

款式上讲究强烈对比效果，表现在服装各部位的长短、分割面积的大小、装饰与否的繁简、面料材质的厚薄等方面的运用。通过衣身结构和布料堆积，突出表现胸、手臂、腰、臀和下摆，以产生动态和起伏。利用繁琐多而堆积的褶皱、凌乱下垂的花边和炫目的大小花饰，构成了巴洛克服饰雍容华丽效果。

1. 高纯度色彩

巴洛克风格服装广泛运用名贵材质，如塔夫绸、缎子、雪纺、轻纱、皮革等，而绸带、蕾丝、珠宝等被用于装饰中，以塑造宫廷贵族气息。所以在色彩设计上，常用纯度明度稍高的酒红、桃红、橙黄、金色、暗紫色等绚烂、鲜艳、明快的色彩，给人以高贵华美的着装效果，彰显出奢华气息。法国设计师Lacroix擅长展现巴洛克式宫廷的优雅华丽风格，作品色彩夸张艳丽，通过运用精致华贵的装饰、柔软上乘的质料、匠心独运的剪裁，塑造出具有Lacroix烙印的女装。（图9-10，图9-11）

图9-10 Versace 1991年秋冬设计的巴洛克风格女装

图9-11 具有巴洛克风格特征的高纯度配色，取自Lacroix 2006年春夏高级女装设计

2. 明度、纯度或色相的对比

巴洛克风格服装不仅限于廓形的大小对比，色彩之间搭配也常采用对比手法，包括明度、纯度或色相的对比。在明度上，如白、黑、红的色彩组合，以黑白为主，红色为辅，形成醒目、凝

重的视觉效果。在纯度上，采用灰色与鲜艳的纯色进行对比，视觉醒目。在色相上，运用包括红与绿、黄与紫、橘与蓝的补色对比，通过面积大小、形状、位置等方面的巧妙构思达到和谐统一。（图9-12）

图9-12 以图案色彩进行的补色对比，取自 Lacroix 2007年春夏高级女装设计

五、洛可可风格色彩设计

（一）洛可可风格产生的相关背景

洛可可（rococo）一词由法语 rocalleur 演化而来，原意为建筑装饰中以贝壳、石块等建造的岩状砌石，因1699年建筑师、装饰艺术家马尔列在金氏府邸的装饰设计中大量采用这种曲线形的贝壳纹样，由此而得名。洛可可风格17世纪末起源于法国路易十四（1643—1715年）时代晚期，在路易十五时代（1715—1774年）处于鼎盛时期，又称"路易十五风格"。

洛可可风格在法国产生并非偶然。路易十四时期所流行的宫廷沙龙（Salon，客厅之意，17世纪时期法国上流社会谈论文化、艺术等的社交场合）文化已呈现出欢娱、奢华和及时行乐的风气。而自17世纪，来自中国的园林艺术、室内艺术、中国茶叶、丝织品、漆器和瓷器已经传播至欧洲大陆，为各国王室宫廷贵族所倾倒，园林的回廊、假山、亭榭，瓷器上精雕细琢的花卉人物风景和粉嫩色彩吻合了当时法国上流社会的审美趣味，对洛可可风格的形成起到了重要作用。1715年9月1日，法国历史上最伟大的君王路易十四去世后，路易十五继位，在这位特别崇尚艺术的君主统治法国的31年间，政治稳定、经济繁荣，成为欧洲的中心。同时法国优雅、时尚的着装品味为世界所称道，巴黎理所当然而成为世界的时尚中心。当时法国社会崇尚贵族气息，流行沙龙文化，举止优雅、着装华贵的女子在艺术的审美趣味、欣赏爱好方面都是焦点。洛可可风格后传到了英国、意大利、德国等欧洲其他国家，成为18世纪流行于欧洲的建筑、室内设计和家具设计的主流设计风格。

洛可可艺术反映了法国路易十五时代宫廷贵族的悠闲、慵懒的生活趣味，它以欧洲封建贵族文化的衰败为背景，表现了没落贵族阶层颓废、浮华的审美理想和思想情绪。他们受不了古典主义的严肃理性和巴洛克的喧嚣放肆，追求华美和闲适。

（二）服饰和色彩

洛可可艺术是以宫廷贵族和女性的审美趣味为标准，作品充满着享乐主义色彩。作为18世纪欧洲服装主要风格，洛可可风格服装与同时期其他艺术形式一样，整体上既有纤巧、玲珑的特征，又有雍容华贵、娇柔媚俗的特点。

洛可可风格延续巴洛克风格特点，女性的体型得到加强，紧身胸衣和裙撑达到鼎盛，注重整体线条和收腰的效果，使女性体型曲线分外明显。裸露是洛可可风格的一大特色，其中性感的

蕾丝扮演重要角色，主要装饰于裸露的胸口和手臂等处。与巴洛克女装相同，洛可可时期女装胸口挖得很低，领口成一个大的U或V字型，露出前胸，但洛可可风格更为精致和优雅，并体现出装饰性。袖身窄瘦，长至肘部，在袖口处以透明蕾丝特别设置张开呈喇叭状造型，通过拼接产生飘逸流动的效果，三层蕾丝荷叶褶是17世纪末至18世纪中叶欧洲女装的典型细节。服装布满大量的皱褶，尤其是腰间、后臀和裙侧，以体现出夸张的造型。裙装以连身裙为主，裙下摆呈敞开式伞状结构，半截裙则多是高腰的款式。

洛可可风格服装的色彩设计体现出甜美、俏丽特点，颇具女性特质，具体表现为：

1. 粉嫩色调

也许受到来自东方艺术，尤其是中国瓷器、织锦以及园林艺术的影响，洛可可艺术崇尚自然。在蓬巴杜夫人引领下，色彩上没有巴洛克时期的艳丽和浓重，舍弃了沉重的灰黑白对比效果，强调轻快和优雅。服装色彩主要为明度较高的粉彩色调，如粉红、浅蓝、米白等，其中粉红和浅蓝被视为“典型的洛可可风格”。（图9-13）

图9-13 呈粉嫩色调的1780年法国宫廷女装

2. 呈对比关系的配色

与巴洛克风格相比，洛可可风格女装色调较统一，主色与辅助色多为暖色，以同一色或邻近色系为主，色彩之间差异性较小，视觉外观和谐悦目。如洛可可时期流行的小型碎花草纹样，即便使用暗色或艳色，由于面积小且分散，也不影响整体统一感。2008年和2009年曾流行洛可可风潮，与传统洛可可风格的粉嫩色调相比，色彩纯度得到提升，同时由于受之前流行影响，加入了大量纯度较高的色彩，以及金色和银色，总体色彩亮丽夺目。（图9-14）

图9-14 呈对比关系的配色，Dolce & Gabbana 2008年春夏女装

六、20年代风格色彩设计

（一）20年代风格产生的相关背景

20世纪20年代被形象地称之为“喧嚣的20年代”（Roaring Twenties）。在第一次世界大战之后，在现代科学技术革命的强大力量推动下，欧美

的政治、经济和文化进入当时所谓的“现代”时期。同时人们的日常生活方式也呈现了现代意识,兴起了第二波的流行革命。欧洲与美国的人们觉得自己在曾经的战争岁月中失去了太多,应及时弥补这失去的快乐及战争的创伤,欧洲的殖民地也为欧洲人带来更多的财富,及时行乐、快乐并颓废的生活方式成为大众普遍的潮流。年轻和新奇成为流行,大都市的人们纷纷穿上了昂贵的衣服,化着张扬的浓妆,疯狂享乐。人们比以往更喜爱闲暇时的户外生活和体育活动,到海滨胜地度假已经十分普遍。同时,20 年代女孩子对时尚变化越来越敏感,不仅仅是因为她们拥有了更多的时间,更因为日渐富裕的经济能力让她们成为了时尚产业的重要主顾。

产生于20 年代的装饰艺术(Art Deco)是当时最主要的设计流派,对20 年代风格的形成具有重大影响力。这种艺术形式深受埃及和非洲古老装饰风格、立体派(Cubism)、野兽派(Fauvism)、表现主义(Expressionism)和欧洲纯粹派(European Purism)的影响,为适应现代机械化生产,装饰艺术倾向于使用直线造型和对称图案,具有东方情调。1925 年举行的巴黎“国际装饰艺术博览会”更把装饰艺术推向高峰,强调装饰效果的展品大都选用珍贵而富于异国情调的材料,如硬木、生漆、宝石、贵重金属和象牙等,色彩也很艳丽,装饰艺术的名称由此而来。(图 9-15)

图 9-15 英国设计组合 Basso & Brooke 2007 年春夏灵感来自于 Art Deco 具 20 年代风格的作品

20 年代风格时装的形成一方面受当时的装饰艺术的影响,另一方面俄国芭蕾舞剧团舞蹈和服装带来非同寻常的视觉冲击。1905 年 5 月,俄国芭蕾舞剧团首次到巴黎演出,舞蹈家展现了绚丽多姿的东方服饰,色彩对比强烈,加上金属片、金银线饰和奇异的刺绣点缀,更显得热烈而活泼。在造型上,自然流畅的线条,随时显示出活动着的人体的真实曲线之美。在面料上,轻薄透明的质料,勾勒出演员美丽的自然身躯,这一切构成了神奇迷人的东方魅力。这股绮丽的视觉旋风引发了设计师将视线转至世界各地,尤其是东方国家的服饰文化上,他们的作品吸取了中国、日本、印度和波斯等国的服饰特点,服装结构、造型和细节完全呈现出直线、装饰等特征,体现出浓郁的异国情调。

(二) 服饰和色彩

20 年代女装开始体现出现代服装的发展趋势,既线条简洁朴素,同时又保留了一些古典的装饰,具有纤细、舒适、随意等特点,主要灵感来自战后流行的男孩风貌。20 年代风格的另一大特点是注重装饰效果,受到艺术装饰风格的影响,穿着者追求光彩夺目的感觉,渴望在社交场合中成为耀眼的明星。闪光的珠片、几何图案、繁复的缀饰、打褶的工艺等都被大量运用到服装中,表现为浪漫、轻快,具有浓重的装饰感和异国情调。

20 年代苗条消瘦成为流行,消瘦的女孩子成为时尚的领头羊。女装设计注重直线感觉,多

为无袖、直身、宽松，并采用细长悬垂的剪裁。腰线设置较低，裙身设计成层状结构，使视觉产生下沉感。无论是外套还是裙装主要在衣下摆、袖口、腰围线或裙下摆进行装饰，主要手法有加上大量的打褶、流苏、大尺寸的花朵边饰、用丝或天鹅绒制作的人造花、沉重的珠串等，其中打褶的方向也呈上下直线，加上流苏、珠片的直线方向装饰，更加强调了服装的直线感。

20年代风格服装的色彩设计注重装饰效果，且充满异国情调。具体表现为：

1. 柔和的色彩对比效果

20年代是歌舞升平的时代，服装受俄罗斯芭蕾舞团舞台布景和装饰风格艺术、阿拉伯和东方服饰文化的影响，大量采用具有Art Deco风格的对称几何图案，或对称碎花图形，线条卷曲。在服饰色彩设计上，与以往相比色彩的饱和度明显提高，占据主流的是纯度适中、色调柔和的青灰色系、棕色系、肉色系和蓝色系等，与其他明度相当、纯度有差异的色彩形成和谐搭配，但视觉带有一定的对比效果。而晚装的色彩设计比日装隆重，色彩更为艳丽，带有明显的异国情调，如红色系、黄色系等，以弱纯度和弱明度进行对比，如20世纪20年代法国设计师Paul Poriet的《一千零一夜》主题设计。（图9-16）

图9-16　以粉嫩肉色与银灰色的配色充满20年代情调

2. 丰富多样的色彩

20年代是色彩绚烂多姿的时期，服饰色彩受装饰风格和异域情调的影响在明度和纯度上呈多元化景象。粉灰色是当时流行色调，（图9-17）淡雅的粉灰色带有各种色彩倾向，如偏蓝色、偏绿色、偏红色、偏棕色以及米色、肤色等。晚装为纯度稍高的色相所占据，既有高雅、透明的杏仁绿、嫩黄、香槟色等，也有饱满、凝重的暗红、墨绿、波斯蓝等。

图9-17　Christian Dior 2009年秋冬演绎典型的色调明快、带阿拉伯情调的设计

3. 无彩色

无彩色中的黑色在20年代风行一时。Coco Chanel于1926年首次发布经典的小黑裙设计，因兼有女性优雅，也不乏男性帅气而深受欢迎。受此影响，黑色不仅是当时时装流行色，还波及至其他生活领域，成为名副其实的20年代风格代表色彩。2007年春夏20年代风格流行时，黑色重回T台，如

Valentino 和 Lanvin 的小黑裙设计。(图 9-18)

图 9-18 黑色在 20 年代风格女装的运用

七、40 年代风格色彩设计

(一) 40 年代风格产生的相关背景

第一次世界大战后,欧洲经历了短暂的经济复苏,社会各界矛盾和冲突再次酝酿,终于在 30 年代爆发。30 年代初,随着华尔街股票市场的崩溃,世界经济陷入了大规模的萧条,西方各国出现了广泛的失业,对再次发生世界大战的恐惧感笼罩着欧洲大陆。至 40 年代风云突变,二次世界大战给整个时尚界以毁灭性的打击,虽然人们的心灵备受折磨,但人们追求美的愿望犹存,这也成就了 1947 年 Dior 优雅、性感时尚的出现。

虽然这时期乌云密布,但人们谨慎地享受着这片刻的宁静,电影这一价格低廉、能使人暂时逃离现实的娱乐形式成为许多人的最爱,影星的装束被影迷们疯狂模仿,电影的影响力达到一个巅峰。当时的电影明星有葛丽泰·嘉宝(Greta Garbo)、伊丽莎白·泰勒(Elizabeth Taylor),以及 50 年代的玛丽莲·梦露(Marilyn Monroe)、奥黛丽·赫本(Audrey Hepburn)等。

(二) 服饰和色彩

40 年代风格主要指流行于上世纪 30 年代到 40 年代初的女装风格,因为受到好莱坞电影服饰的影响较大,又称为"好莱坞风格"。这一时期风格已不同于 20 年代男孩风貌和装饰感,充满着好莱坞"梦工厂"式的华丽效果。40 年代风格女装简洁中透出高贵,成熟中带点冷艳,线条流畅造型洗练,突出强调女性的妩媚、娇嫩和雅致,是经典的女性化风格。

裙装是 40 年代风格中最具表现力的款式,无论日装还是晚装都是妖娆多姿。日装裙摆至小腿中部,设计有活褶,方便活动。曾在 20 年代流行的短裙被加上缎带、镶嵌珠片或毛皮饰边,拉长到了流行的长度。一般领口开得很低,腰臀部贴体,然后蓬松展开,省道由细褶所代替,凸显丰富、考究。裙长至脚踝,带有裙裾。背部是 40 年代风格女装设计重点,大部分面积裸露,设计师运用斜裁手法将面料通过交叉、悬垂、折叠等手法,使背部呈现不同效果。如有很多三角形的结构,通常背部的深 V 形袒露出大三角形,稍宽的肩部与窄腰配合形成一个倒三角形。晚装多采用帝政线分割设计,胸线以下贴体,采用斜裁工艺使面料富有弹性,更突出女性线条,呈现出独有的优雅感觉。有许多设计简洁的晚装成为跨世纪的经典款。

40 年代风格服装的色彩设计充满了冶艳、奢华、高贵气氛。具体表现为:

1. 无彩色系为主

与 20 年代相比,40 年代服装色彩趋于保守,无彩色系无疑是那个年代的主要色调,尤其是黑色具有举足轻重的作用,带给人是低调的华贵。一般灰色、黑色系列用于日装,晚装色彩包括白色、黑色等。40 年代由于大量采用表面柔滑的丝绸、绉纱、人造丝等质料,表面呈现出程度不

同的光亮度,加上珠饰点缀,使晚装设计呈现出相当的女性魅力。好莱坞的无声影片和歌舞剧中女主角金光闪闪的着装使金色、银色等高亮度亮色系也在40年代风格服装中体现。2006秋冬、2007年春夏和秋冬40年代好莱坞主题流行时,金色、银色成为了流行色,如Gucci 2006年秋冬和Valentino 2007年秋冬作品。(图9-19)

2. 纯度和明度均较高

由于受好莱坞巨星的影响,服装追求低调的奢华、精致穿着效果,色彩亮丽,如浅棕色、瓶底绿、深绿、艳红色、色拉色等,这些色彩与好莱坞影片所呈现的场景是吻合的,能使人回味好莱坞的辉煌岁月。在2007年Dior的秋冬秀上重现了40年代好莱坞的绝代风华,模特梳着侧分或中分的精致大波浪卷发,描画着冷艳的红唇,服装色彩是饱和度较高的橘黄、紫红、黄绿、铁蓝,展现出低调的新女性形象。(图9-20)

图9-19 无彩色系配色,Gucci 2006年秋冬40年代风格设计

八、超现实主义风格色彩设计

(一) 超现实主义风格产生的相关背景

超现实主义发源于20世纪初期,由达达主义衍生而出,主要思想依据为弗洛伊德的潜意识学说,其宗旨是离开现实,返回原始,否认理性的作用,强调人们的下意识或无意识活动。同时反对既定的艺术观念,主张放弃以逻辑、有序的经验记忆为基础的现实形象,而致力表现人的深层心理中的形象世界,尝试将现实观念与本能、潜意识与梦的经验相融合。也常被称为超现实主义运动,或简称为超现实。

在理论上,超现实主义艺术运动的发起者、精神与思想领袖布列顿(Andre Breton 1896—1966)于1924年在巴黎发表了第一篇“超现实主义宣言”,给超现实主义下了定义:“超现实主义,名词。纯粹的精神的自动主义,企图运用这种自动主义,以口语或文字或其他任何方式去表达真正的思想过程。它是思想的笔录,不受理性的任何控制,不依赖于任何美学或道德的偏见”。他有过学医的经历,在读了弗洛伊德的著作后,立即将精神分析与达达派

图9-20 高纯度配色,2007年Dior的秋冬40年代风格表现

的无意识表白关联起来。精神分析注重对梦境、幻想和幻觉的分析,并把白日梦作为一种可能的艺术创作方法加以诱导。这种对下意识的梦幻世界的研究,与自然主义相对立,不受理性的支配,完全凭本能与想象描绘超现实的题材,表现比现实世界更真实的,比现实世界的再现更具重大意义的。

(二) 服饰和色彩

超现实主义风格特点是俏皮甚至怪诞,富有强烈的游戏元素,设计不按牌理出牌,色彩丰富,有梦幻的、童真的感觉。穿上具有夸张的视觉效果,在图形的运用上体现出艺术感,服装不仅仅是一个穿着物,更是一个艺术的载体。

超现实主义风格服装款式设计简洁,注重装饰,强调细节,设计师经常在一些装饰细节上体现超现实主义理念情节,领部、袖子或口袋都会成为设计的重点。(图9-21)

图9-21 强调细节的超现实主义风格女装

在具体款式设计中,超现实主义风格表现为以下几种手法:

(1) 改变物体原有的功能和形式,以逆向思维创造新的形态,如蛋糕型的帽子、女性红唇造型的口袋、茶匙形、鸡心形、三角形的西服翻领等。

(2) 将艺术绘画的作品或色彩感移用到服装设计中,利用图画特殊的视觉效果给人一种视觉美感和体验,如 Schiaparelli 曾把超现实主义画家达利著名的“泪滴”图案用在她设计的裙装上。

(3) 利用视错觉原理,在具体细节上表现形态差异,如将棉质衬衫与薄料上衣连在一起的设计。

超现实主义风格服装的色彩设计追求奇特、夸张,往往采用较强烈的对比效果。具体表现为:

1. 纯度、明度对比

由于超现实主义风格服装构思别出心裁,往往从各类艺术形式中借鉴灵感,除了款式设计新奇大胆外,出彩部位往往用色也非同一般,以突出冲击视觉的效果,因此高纯度或高明度的色彩运用较多,如罂粟红、粉红、紫罗兰、宝蓝、猩红、明黄以及纯白、嫩黄等,而服装的其他部位则以纯度和明度低的色彩为主。如英国的 Christopher Kane(图9-22)和 Basso & Brooke 2008 年春夏作品,设计师以俄国抽

图9-22 Christopher Kane 灵感来自于康定斯基作品的女装设计

象主义绘画大师康定斯基的作品为灵感来源,在粗糙斜纹布上将色彩斑斓的黄色、蓝色、红色任意泼洒穿插在衣褶间,帽子设计成调色板。同时设计师也将色彩的成像原理以马赛克的形式表现,令人耳目一新。

2. 黑白对比

黑白两色明度对比效果强烈,无论以白为主还是以黑为主的色彩搭配,在超现实主义风格服装设计中均是设计师常用手法。20 世纪 80 年代,法国设计师 YSL 曾借鉴毕加索的画作在服装中将两只纯白色和平鸽以立体的方式装饰在领部和腰部,在黑色裙装中分外醒目。已故意大利 Moschino 也是一个异想天开的超现实主义风格设计师,他以非常规的设计手法,常常把一些搞笑的词、句、图案以红、白、黑的色彩组合运用在服装上,表达自己玩世不恭的心态。(图 9-23)

图 9-23 运用无彩色对比手法的超现实主义风格女装,作品为 Dolce & Gabbana 秋冬设计

九、50 年代风格色彩设计

(一) 50 年代风格产生的相关背景

1945 年,历经八年的第二次世界大战终于结束了,这场战争给各国经济、文化造成灾难性的破坏,人们的生活水平急剧倒退。当时西方世界百废待兴,人人憧憬着安逸、舒适、美好的生活,一个历史性的变革即将展开。

当时妇女着装普遍停留在战时状态,具男性化的工装仍是主要款式。随着战后重建开始,日常生活渐渐恢复正常,许多妇女走出家门去工作,在社会上迫切希望着装上能体现女性魅力,以增添自信。同时社交聚会增多,许多人在工作结束后,会换上晚礼服出入于歌剧院和剧院。

在时装界,战后又回复至过去的秩序,巴黎重新占据了世界高级时装的霸主地位,其注重女性优雅、浪漫的着装风格为世人所关注。不过在 50 年代是巴黎占据这一地位的最后十年,高级女装虽然仍具有相当影响力,但已不如从前,随着 1956 年美国年轻文化的侵入,设计师开始关注作为一支新兴消费阶层的年轻一代。Christian Dior、Jacques Fath、Cristobal Balenciaga、Hubert de Givenchy 等设计师在当时最具代表性,他们关注当时女性着装品位,而不同于战时乏味的着装审美、表现女性曲线的设计形式成为设计师的首选,具有造型感和体现女性高雅气质的时装为设计师所推崇,甚至为突出这一形象而不惜加入紧身胸衣,以产生强烈对比效果。Dior、Balenciaga 等设计大师主宰着流行,他们设计的裙摆长短、翻领大小,或袖子宽窄,引导着时装潮流。

(二) 服饰和色彩

50 年代风格通常指流行于 1947 年至 1956 年的服装风格。基于女人热衷打扮自己的美好愿望,女装重新恢复表现女性的妩媚美感,有格调,讲究气派,体现出隆重、精致的特性,同时带有奢华感，Dior的“新风貌”女装即是代表。

50年代风格的服装追求柔软的曲线线条，纤细的蜂腰、夸张的胯形和优雅的裙摆是50年代造型中最重要的三部分，通过紧身胸衣的参与使服装外形产生起伏变化。半腰带是50年代女装特色，在公主线开刀处加入腰带并连接至后片。加褶的裙子和收腰的短上衣在这一时期特别流行，肩部窄小合体，腰部收紧，裙摆从小腿上移至膝盖。

50年代风格服装的色彩设计视觉明快，表现高雅、端庄的特点。具体表现为：

1. 较高明度和纯度色调

50年代是整个艺术和时尚领域追求色彩绚丽的时期，服装用色彻底摆脱40年代战时压抑单调的色彩，高纯度色彩成为主角，如鲜亮的红色系、绿色系，以及橙色、紫色、黄色和各类粉色等。如Dior设计的“New Look”以及其他设计中，服装色彩均是单色，但明度和纯度较高，鲜亮而活跃。（图9-24）

图9-24 田山淳朗（ATSURO TAYAMA）2007年秋冬设计的50年代风格女装

2. 黑白灰和单色运用

无彩色也是50年代小洋装、法式风衣、套装、圆篷裙的常用色彩，黑色运用较多，呈现出与40年代完全不同的心理感觉，散发着纯粹的优雅美感，如Givenchy为好莱坞影星赫本所做的黑色连身裙、套装设计。1995年春夏，出任主设计师不久的John Galliano为Dior品牌的设计灵感取自当年的“New Look”系列，服装色彩即以灰、黑为主，充满着50年代韵味。（图9-25）

图9-25 无彩色最适宜表现50年代的优雅情调

50年代服装凸显出造型特征，而色彩设计上大多以单色为主，如Dior、Balenciaga和Givenchy等50年代代表性设计师的作品，1995年春夏Dior和2007年春夏Chanel的50年代风格女装也充分证明了这点。

十、60年代风格色彩设计

（一）60年代风格产生的相关背景

20世纪60年代正处于西方经济飞速发展、物质水平极大丰富、文化思潮风起云涌时期。由于战后人口出生率的急剧增长，至60年代中期，美国将

近一半人口年龄在25岁以下，这意味着一个新兴的庞大消费群体的诞生。这些战后成长起来的年轻一代正值成年，他们养尊处优，没有前辈们在40年代的战争经历和50年代的物质匮乏体验，他们渴望社会上的认可和自我满足。在此背景下一场充满活力的年轻文化运动在欧洲大陆轰轰烈烈出现，其中以英国伦敦为甚。

在时装界，流行于50年代体现女性曲线美感的设计，事实上在50年代下半叶已趋于弱化。至60年代，年轻人逐渐表现出强烈的反叛意识，他们在审美和着装观念上完全不同于他们的父辈，以年轻化替代成熟感，以前卫替代传统，其标准装扮是印花超短裙、紧身连裤袜、花形首饰和大波卷短发，这成为60年代风格的典型表现。

（二）服饰和色彩

在上世纪60年代中，人们理想的完美形象已从50年代优雅精致转换成不分性别、年轻、活力、简洁和朝气，甚至带点儿童般的天真感。

60年代充满了年轻人梦想，各类前卫思潮占据了他们的心灵，作为时尚理所当然成为他们展现思想的领域。与他们前辈相比，60年代年轻人更愿意抛弃传统的审美，以一种反文化的形象出现，所以传统服装设计中的装饰、女性的古典美表现都被远离，取而代之的是自然的造型、强烈的对比、夸张的配饰，将服装塑造出清新又富有朝气的活泼可爱形象。

60年代风格款式追求简练的设计效果，肩部较窄，夏装以无袖为主，秋冬装袖身合体，长短不一。细节处理趋于简洁，无过于繁琐的装饰。直筒短外套配超短的裙子是典型搭配，长短形成一定的比例关系。外套简洁、短小，看上去似儿童服装。连身裙装大多不设正门襟，或以拉链替代，选用的纽扣造型硕大，体现可爱情结。主要款式有各类超短裙、A字形无领无袖连身短裙、衬衫裙、窄腰大摆半截及膝裙，或伞裙、长及大腿中部的外套、高腰超短风衣等。

60年代风格服装的色彩设计总体倾向年轻、活泼，色彩之间有一定的对比关系。具体表现为：

1. 较高纯度色彩

印花是60年代的象征，向日葵、雏菊等植物类的大花纹在衣裙，甚至长筒袜都有表现。这类图形纯度和明度都高，如嫩黄、红色、鲜橘色、草绿色、果绿色、金银色等，通过与纯白或其他纯色搭配表现得更为活泼和富有朝气。（图9-26）

图9-26 浓烈艳丽是60年代风格色彩特征

2. 粉色色系

60年代服装色彩充满着幻想，带有天真和可爱感觉，如粉红、粉绿、粉黄等。在具体运用上注重色彩之间的面积拼接或色彩互衬，拼接色彩以黑色带间隔。在2005年至2007年女装设计中，具60年代风格特征的粉嫩色彩占据主流，尤其是果绿、粉橘等成为流行色调。（图9-27）

图 9-27　2007 年春夏 Ungaro 充满 60 年代情趣的设计作品

图 9-28　2007 年春夏 Etro 作品

3. 白色

白色是 60 年代服装的常用色彩，代表着年轻一代青春、朝气。作为配衬色彩主要用于裙装的底色，与各类鲜艳的印花色构成一幅绚烂的色彩世界，如 2007 年春夏意大利 Etro 和法国 Ungaro 的 60 年代风格设计作品即呈现这一感觉。（图 9-28）

十一、嬉皮风格色彩设计

（一）相关背景

二战后成长起来的新一代年轻人没有经历过战争，随着美国经济的复苏，他们轻而易举地拥有高质量的生活，漂亮的住宅、汽车、立体声音响、电视机和足够的零花钱。然而过于舒适的生活状态使他们迷茫，受到垮掉派文学的影响，他们缺乏生活热情。

1965 年美国直接干预了越南战争，残酷的现实让年轻一代对社会失去信心，他们害怕战争、厌恶战争，唾弃物质世界的伪善，批评西方社会的价值观。他们热爱自然，渴望波希米亚式的生活方式，希望集体逃离尘世，过上乡村的隐居生活。于是他们迷上了神秘东方和原始部落的图腾信仰，倡导非传统性的宗教文化。由于失望，他们开始沉醉于迷幻药，以获得腾云驾雾的吸食效果。他们还聚众生事，公开地提倡同性恋和吸毒。他们渴望爱与和平，“Make love，not war”成为他们最响亮的口号。

（二）服饰和色彩

追求无拘无束、自由自在的生活方式是嬉皮精神实质，同样嬉皮风格女装也呈现自由、随意

的效果，在图案、色彩、材质、装饰手法等方面将各地区、各时代的民族风格服装组合在一起，形成怀旧、浪漫和自由的设计风格，并带有相当的异域情调。

混融各地民族、民俗服饰元素是嬉皮风格女装的主要特点，如手工缝制（印度的串珠、拼接布料和刺绣工艺）、手工印染（东方运用古老的扎染手法的布料制作裙装）。在结构上，类似东方式直线裁剪，自由松散，不以女性体型作为设计重点，通过棉、丝等不具硬性但较悬垂的面料使用达到飘逸、流动的效果。此外以破、旧为特点的未完成效果也是嬉皮风格特征，尤其是在牛仔裤上的磨破和刷白处理，体现一种怀旧情感。（图9-29）

图9-29 呈现异域情调的嬉皮风格女装

在具体款式上，肩部裸露，袖呈灯笼造型，腰间束带，面料松散外扩，腰节不在正常位置（胸下或臀上），裤口或裙身张开，裙长拖地。嬉皮风格经典款式有宽松自然的罩衫、高腰系腰带睡袍式连衣裙、荷叶边迷你短裙、阿拉伯大袍式印花长裙、高腰阔腿牛仔裤等。

嬉皮风格服装充满民族、民俗情调，色彩设计随意自由、丰富多样，配色大胆。具体表现为：

1. 多种色相之间的色彩搭配

嬉皮风格服装特点是纹样复杂，突出自然界的植物和动物图案，如各类花朵、树枝、草丛、孔雀等。与此相关的色彩组合丰富多变，种类繁多，甚至以五至六种色彩进行搭配，给人眼花缭乱的视觉感受。具体运用中包括以纯度和明度适中的色彩组合，如土黄、橘色、紫色、粉红、绿色、天蓝等；也包括较高纯度与无彩色（无论明度高低）的色彩组合，如橘红、黑、灰绿，或嫩黄、白色、草绿。2001年至2003年曾流行波希米亚热潮，刺绣、拼贴、串珠、挂件等民族、民俗元素被广泛运用，一般色彩纯度较高，而与其搭配的印花面料则纯度稍低，组成一幅争奇斗艳的色彩世界。美国华裔设计师Anna Sui擅长嬉皮风格表现，其色彩设计即具有这一特点。（图9-30）

图9-30 Anna Sui 2009年秋冬嬉皮风格设计

2. 色彩之间的对比效果

这也是嬉皮风格服装一种常见的色彩搭配方式，表现为高明度与黑色、高纯度与黑色之间，其中黑色起到配衬作用。由于色彩反差大，因此具有视觉冲击力，可以营造欢快气氛，如2002年春夏的LV的嬉皮风格服装设计均采用这一手法，高明度的黄、紫等作为主色，黑色镶拼线作为装饰穿插其间；而Gucci 2008年秋冬的嬉皮风格服装则相反，以高纯度黄色与黑色相搭配。（图9-31）

图9-31　Gucci 2008年秋冬的嬉皮风格作品

十二、波普风格色彩设计

（一）相关背景

波普艺术（pop art），又称“新写实主义”或“新达达主义”，20世纪50年代中期诞生于英国，60年代全盛于美国。

1952年末，一群年轻的画家、雕塑家、建筑师和评论家聚集在伦敦当代艺术学院，围绕大众文化及其含义进行研讨，涉及电影、小说、广告、机械等，探索在艺术表现中反传统美学的创作形式。1956年，英国画家汉米尔顿（Richard Hamilton）在《这就是明天》展览上展出了他的一幅小型拼贴画——《究竟是什么使得今天的家庭如此不同？如此具有魅力？》，这是第一幅波普艺术作品。波普艺术这一术语是由英国艺术评论家劳伦斯·阿洛威（Lawrence Alloway）于1954年在出版的《建筑文摘》中率先提出，是对大众宣传媒介（广告文化）所创造出来的“大众艺术”的简称。汉米尔顿将它概括为“短暂的、流行的、可消费的、低成本的、大量生产的、有创意的、性感的、迷人的，以及大商业的”。波普艺术诞生在西方工业化、商品化高度发展的年代，波普艺术家推崇消费主义，崇尚物质，同时对日常生活极其重视，主张以平常人的心态观察生活，挖掘人们熟知的人和事。波普艺术反对抽象主义过于严谨和沉稳，提倡艺术回归日常生活和通俗文化。

图形是波普风格的主要表现，设计师从音乐、电影、绘画、各类街头文化甚至政治人物中汲取灵感，以线条、色彩或照片的形式表现。波普艺术家在创作时不是用常规的颜料，而是选取日常生活中看得见摸得着的材质，在创作中往往运用写实手法对可乐罐头、啤酒瓶、美元等日常生活中常见的东西进行放大、重复或剥离，并以新的手法创作，从而产生新的视觉形象。

（二）服饰和色彩

波普风格服装设计主要体现于图形，通过图形的色彩、造型的变化，形成对比强烈的视觉冲击力，产生夸张、奇特的表现效果。同时在图形运用上又体现出一定的轻松幽默感。

波普风格服装款式基本上延续了20世纪60年代女装的总体感觉，设计简洁，结构对称，装饰少，细节少。领口、肩部、胸在线和裙下摆有一定的设计，而在其他部位以波普风格图形面料展现，利用图形形式来刺激人的视神经，给人以一种视觉美感和体验。如1965年美国设计师

Betsey Johnson 曾以透明塑料、金属材质或传单纸设计了印有波谱图像的迷你裙。裙装是波普风格的主要形式，其中直身连衣短裙、无袖背心裙是常见款式。领形以一字领、大圆领、立领为主。袖型以无袖居多，装袖结构也是常见形式，此外还有直线裁剪宽大袖窿。

波普风格服装的色彩设计以几何图形为载体，对比强烈，具有醒目的视觉效果。具体表现为：

1. 高纯度色彩和无彩色的黑白灰的搭配

运用高纯度是波普风格服装色彩特点之一，通过高纯度色彩组合，以无彩色（尤其是黑色）间隔，组成具有视觉冲击力的配色效果，其中的黑色由于与高纯度色彩组合显得异常活泼。YSL 于 1965 年以荷兰风格派抽象画家蒙德利安画作为灵感设计的“蒙德利安”裙即采用此手法。（图 9-32）

图 9-32　高纯度色彩与无彩色搭配是波普风格色彩表现之一

图 9-33　运用色相进行对比的配色效果

2. 高纯度色彩（甚至对比色）之间的搭配

波普风格服装图案多花卉和几何图形，色彩多以高纯度为主，色彩之间往往进行直接拼接与碰撞，色彩之间关系甚至是对比效果，如花草图形以蓝与黄、红与绿等色彩组合。2006 年和 2007 年波普风格流行期间，鲜亮的橘色、嫩绿等占据了时尚舞台。（图 9-33）

3. 无彩色之间的搭配

无彩色也是波普风格服装常用色彩，尤其是黑色与白色被广泛运用，通过几何形的黑白图案对比组合，使得这类设计视觉冲击力强，并能产生异常奇异的视觉流动感觉。这类配色大多出现在以

几何线图形(欧普艺术)为主的服装中。(图9-34)

图9-34 呈视幻效应的配色设计

十三、太空(未来主义)风格色彩设计

(一) 相关背景

20世纪50年代末,人类进入了太空时代,1957年10月4日,前苏联发射了人造卫星,吹响了人类进军太空的号角。1961年4月苏联宇航员加加林乘坐"东方1号"宇宙飞船进入太空,完成了人类历史上首次载人宇宙飞行。紧接着1969年7月20日,美国宇航员阿姆斯特朗和奥尔德林乘"阿波罗11号"宇宙飞船首次成功登上月球。

一系列的太空探索激发了各界的极大兴趣,一批科幻电影、绘画以及时尚产品相继出现。在时装界法国设计师 André Courrèges 率先于1964年发布了"月球女孩"系列,短小上装配A字型超短裙,采用直线形裁剪,款式简洁,面料以塑料制品和金属制品为主,配上白色塑胶的靴子、头盔、假发,极具太空感觉。1969年,Courrèges 又设计了第二组他称之为"未来时装"的系列作品,掺入了一些运动风格,如用针织面料制作的紧身裤和连身裤,贴体并适合运动。另外 Pierre Cardin 也以树脂、银色材质设计了极具太空感的时装。紧身超短裙、统靴、头盔成为太空风貌的基本元素,这些装扮成同手同脚行走的机器人形象设计在当时风行一时。西班牙裔设计师 Paco Rabanne 则更具先锋和前卫意识,他于1967年首先在材质上着手,采用了塑料、金属、瓦楞纸等非常规材质设计了实验性的时装,塑造了未来主义战士形象。

(二) 服饰和色彩

太空风格服装款式设计注重块面分割,以直线和几何线条为主,上身以体现体块结构为主,下装包括直身裤装、短裙,如线条洗练的短夹克、连身短裙和套装配短裙,以及灵感来源于宇航员的装备的连体服。在整体设计上,太空风格带有中性倾向,这种中性感超越了男女范畴,是虚拟的性别,给人以想象的空间,事实上从20世纪60年代 Courrèges 设计的太空风格服装到2007年 Hussein Chalayan 带未来主义色彩的设计均呈现中性的感觉。(图9-35)

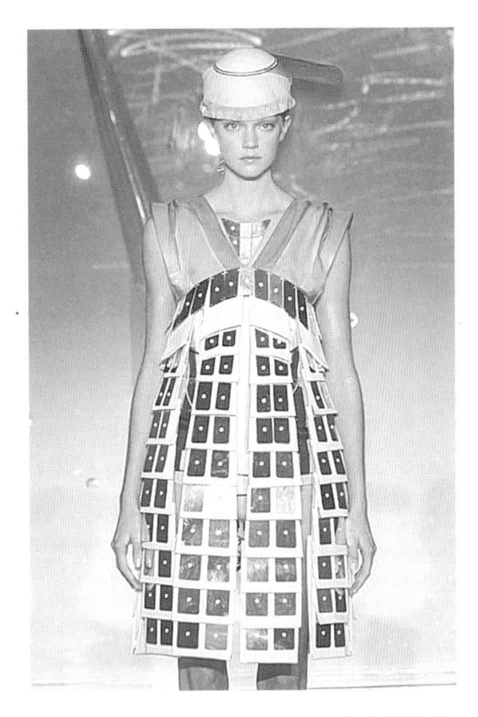
图9-35 Hussein Chalayan2007年春夏设计,作品充满对服装未来发展的无限遐想

总体上，太空风格女装设计脱离了现实的审美思考，突出了时空错落感和虚幻效果，设计灵感与太空、星球联系在一起，具体包括太空舱、宇航服、机器人、天文星座、ET外星人等元素，塑造强悍和刚性的气质。

受60年代潮流的影响，太空风格款式简洁，基本忽略细节。

太空（未来主义）风格服装的色彩设计由于使用金、银和无彩色，所以视觉眩目。具体表现为：

1. 金银色

代表银河系飘渺虚幻效果非金色和银色莫属，无彩色系的金银色具有冷峻、神秘、坚硬等特质，是表现太空（未来主义）风格的主要色彩，其中又以银色最为突出。银色曾是60年代的流行色，在PU革、金属片、塑料、尼龙丝、涂层面料等材质中运用广泛。2006年首先是太空风格唱主角，流行色即为金色。随着流行主题过渡至未来主义，2007年流行色彩依旧是具高科技感的银色（少量金色），广泛运用于各类上衣、裙装、手袋、鞋、眼镜等，甚至妆容、指甲、发色都被染上银色，Hussein Chalayan 2007年春夏采用具高科技电路板感的服装设计，色调呈闪烁的银黑色。（图9-36）

图9-36　银色能较好诠释太空风格特征

在太空（未来主义）风格服装中可结合款式进行色彩构思，采用打褶、立裁等形式能将面料呈起伏状，使色彩眩光得到充分展示。

2. 黑白灰无彩色

无彩色适合表现太空未来主义风格，体现出一种空灵、飘渺的色彩意念。由于太空存在黑洞现象，黑、白、灰的搭配能让人与浩瀚的宇宙联想在一起，产生神秘心理状态，60年代的太空风格服装曾大量使用无彩色。2007年的未来主义风格服装面料带有高科技特性，这些新型合成面料以无彩色为主，通过与闪光面料的混合搭配，传达出脱离现实的虚幻境地。（图9-37）

图9-37　Balenciaga 2007年春夏作品具有强烈的未来主义风格倾向

十四、摇滚风格色彩设计

（一）相关背景

20世纪60年代的社会充满着动荡，音乐由于其独特的内涵而成为那个年代青年心灵安抚的港湾,摇滚乐以其极具震撼力的表达、现实性的词语所向披靡。

50 年代摇滚音乐首先在美国兴起,早期带摇摆感的节奏融入了美国乡村音乐、节奏布鲁斯和波普三种音乐风格,“猫王”艾尔维斯·普莱斯列无疑是当时最著名的摇滚乐灵魂歌手,这位来自美国南方乡村的白人小伙子在孟菲斯唱着黑人灵魂乐和 R & B,两种不同肤色的流行音乐被他完美融合在一起,他那具磁性的嗓音和性感的摆臀动作将摇滚乐带入到出神入化的地步,引来大批狂热的歌迷。《摇滚》杂志评论道:“孟菲斯的录音棚看上去跟以前没什么区别,但1954 年 7 月 5 日,摇滚音乐就在这里诞生”(《新民生》2007 年 4 月 P16)。

时装与摇滚天生是一对,自从 1957 年 8 月 5 日美国《American Bandstand》节目全国直播后,司仪和舞者的服饰瞬间吸引众人的眼球。60 年代,摇滚乐波及英国,歌手约翰·列侬、滚石乐队和甲壳虫乐队等成为万众瞩目的对象,他们的着装对摇滚服饰起到了推波助澜的作用,一场铺天盖地的文化运动在欧洲上演。摇滚乐不再只卖唱片,它的附带产品还有迷你裙、发胶、短靴、皮夹克、摩托车等,整个社会仿佛被注入了时代的兴奋剂,陷入一场空前的动荡,他们向一切传统的观念宣战。

摇滚乐来自社会底层,具有反政府、反社会的颓废意味,是年轻人追求个人自由、发泄主观精神世界的产物。

(二)服饰和色彩

摇滚风格服饰具有强烈的金属质感,体现出厚重和刺激的碰撞感。服装造型和款式与传统审美大相径庭,设计强调一定的夸张效果,融年轻、活泼、激情、中性于一体。

整体款式充分体现出紧凑、短小特点,上装以短夹克为主,肩部平挺硬朗,在胸、腰、臀等部位力求合体,下配细长紧身裤装,充分体现几分性感。腰线不在正常腰节,或高腰或低腰。如裙装,以极短伞状裙为主,搭配黑色连裤袜和高跟漆皮长靴,形成质感对比。

具体细节设计不过于复杂,运用铆钉、链子点缀胸部、腰部、袖口、下摆等部位,以装饰手法表现出厚重效果。采用贴补、拼接、印染等手法,将设计元素与面料硬生生组合在一起,产生冲撞感,如外套、T 恤、牛仔裤上的印花“补丁”或涂鸦画面处理。此外在搭配上力求强烈对比,如不同材质、肌理、色彩的内外装和上下装,创造出独特的视觉冲击效果。

具体款式中,摩托车骑士短夹克、皮短装、铅笔裙、热裤、翻边牛仔裤、迷你牛仔裙、背带短裙最能展现摇滚风格。

摇滚风格服装的色彩设计前卫大胆,变幻多样,具体表现为:

1. 各类光泽质感色彩运用

摇滚歌手偏爱硬朗、闪亮、能产生目眩感的光泽材料,如金属类的拉链、铆钉、链子,皮革类的牛皮、羊皮和漆皮,面料类的闪光缎、金属丝等。具金属闪光感的拉链、铆钉被用于腰带、鞋、靴或服装的开启和细节点缀装饰,使服装充满摇滚味,极具现代感;皮革质感坚硬,因其本身具有的特殊性而独具魅力,黑色皮革是摇滚风格服装的最佳材质,早期摇滚歌星艾尔维斯·普莱斯列表演所穿的即是黑色皮夹克和皮靴;闪光缎、金属丝能产生大面积光亮感。这些材质的金属色泽能使服装充满撞击效果,诠释摇滚风格的激情,如华丽摇滚歌手 Gary Glitter 的装扮。(图 9-38, 图 9-39)

图 9-38　光泽色彩具有强烈的金属碰撞感

图 9-39　着装闪耀艳丽的摇滚歌手 Gary Glitter

2. 黑色与闪光色之间的搭配

摇滚风格服装注重色彩的撞击效果，这有赖于面料质地和色彩的完美组合。黑色与闪亮的金属色组合搭配最具视觉冲击力，这成为摇滚风格服饰表现的主要色彩，其中黑色给人以力量、厚重感。在具体搭配中摈弃了常规的配色原则，或者突显局部出人意料的配色效果。如将帽、腰带、袜、手镯，或服装款式某一部位配置为闪光色彩，而其他为大面积黑色或深色，体现激烈、跳跃的特点；或者大面积运用闪光色彩，黑色或深色则为小面积，视觉冲击强烈。（图 9-40）

图 9-40　黑色和闪亮色是摇滚风格的典型表现

十五、70 年代风格色彩设计

（一）相关背景

20 世纪 70 年代，令人恐惧的越南战争结束了，60 年代年轻人为之奋斗的乌托邦式梦想实现了，但 70 年代整个世界处在通货膨胀、失业率上升的形势下。与 60 年代那种欢快乐观精神不同，

70 年代的人们笼罩在忧郁和悲观情绪中，由石油危机而导致的经济不景气使人们多少对高贵奢华、过分强调女性魅力的时装产生抵触情绪，从而对服装的选择更侧重于功能性，因此简洁实用的裤套装迅速成为人们穿着的主要选择。

70 年代出现了众多健身俱乐部，年轻人热衷于户外跑步健身，紧身造型服装成为时尚，70 年代紧身牛仔裤非常窄，以至于女孩只能躺着才能将拉链拉上。这时期的男女装已渐露休闲风端倪，风格呈现多样性特征，造型呈上紧下松特点，街头服饰、牛仔裤、热裤、朋克装扮、运动风貌都深受年轻一代的欢迎。源于 60 年代的宽大喇叭裤、紧身短茄克及中性装扮等在 70 年代风靡世界。

（二）服饰和色彩

反时装是上世纪 70 年代风格女装设计观念，具体款式和穿着不受传统时装规范的约束，充斥着随意、自然和简朴。整体风格充满着矛盾，服装向两端发展，裙子、裤子或者非常短，以至形成极超短裙和热裤，延续了 60 年代的时尚；或者裙长及至脚底，脚口极宽，整体飘逸而具率性。服装的中性化趋向达到了前所未有的程度，"无性别装"在外观上看上去既适合男性又适合女性，裤子已经完全得到妇女的接受。总体上，70 年代风格服装呈现简洁、夸张，并带有一丝硬朗感觉。

受 60 年代年轻、整体感时尚的影响，70 年代女装款式注重廓形结构，设计简洁，上衣部分较短且很合体，以色彩图案、款式结构、搭配变化来表现。而在下身重点表现为造型体块，裤和裙的臀部紧裹，在膝盖处向外展开，裙摆、裤管尺寸宽大，并作适当装饰，如开口、拼接、缉线、折边、装饰荷叶边、刺绣等手法，同时以低腰结构伴随。裙长波动最终定在中长长度，在膝盖以下，甚至在脚踝附近，感觉下身较重。常见搭配有褶裥迷你裙配衬衫式连衣裙，宽松衬衫、短外衣配喇叭裤，大印花衬衫搭配宽口喇叭裤、牛仔裤。

70 年代风格服装的色彩设计随性、简洁，呈一定的中性化趋势。具体表现为：

1. 相对丰富的色彩搭配

在服装色彩上，70 年代沿袭 60 年代的绚烂多姿的景象，虽然也有诸多鲜亮色彩在同一块面料上相互碰撞现象，但总体上趋于沉稳和质朴。如大小圆点、粗细条纹的题材来源于自然界各类大小花形图案，是 70 年代风格女装的具体表现，色彩各异，大多两套色，但色调较统一和谐，以邻近色作搭配。如上装是两相邻色彩，裙或裤色彩挑选上装中的一色。常见以深色为底，浅色为各类图形，同时上装偏浅，下装偏深，视觉呈稳重感。（图 9-41）

图 9-41　既单纯又相对丰富的配色设计

2. 以无彩色为主的中性化色彩设计

70 年代风格服装已呈现一定的中性化趋势，

在色彩上，表现为黑白灰无彩色、纯度明度相对较低的色彩占据重要地位，春秋外套、日常裤装的配色上往往采用单一的色彩，而全无60年代缤纷的色彩组合。这一中性化的色彩搭配方式为80年代末90年代初简约风格、中性风格的流行奠定了基础。（图9-42）

图9-42　无彩色和低纯度色彩适用于70年代风格服装

图9-43　以单色为主的70年代风格配色

3. 相对整体的色彩搭配

经历丰富多彩的60年代，70年代风格服装色彩趋于简洁，运用面积较大，讲究整体，淡化细节。外套、裙装、裤装等色彩均以单色为主，如有变化也是邻近色彩的关系，看似单调乏味，但也是一种色彩搭配方式。（图9-43）

十六、朋克风格色彩设计

（一）相关背景

“朋克”（Punk）一词最初由“性枪手”乐队（the Sex Pistols）在伦敦圣·马丁艺术学院的一场演出中提出，1976年9月20日由“性枪手”等乐队在牛津街口100俱乐部共同的演唱会被舆论界界定为“朋克摇滚”（Punk Rock），宣告朋克运动的降临。朋克是一种风格前卫的街头运动，首先流行于伦敦青少年中，后扩散到整个欧洲和北美地区。

70年代初，由于英国面临严重的经济危机，失业率居高不下，众多处于失业或半失业边缘的蓝领阶层的青少年以及辍学者充满了绝望，他们以奇异服饰打扮来宣泄自己的不满。他们着装邋遢肮脏，发型怪异，满口粗话，他们拒绝传统和权威，颠覆一切既定秩序和规则。朋克的响亮口号是"自己动手做吧"(Do it yourself),主张将廉价服装和布料进行再创造,展现一种粗糙的风格。

70 年代末,朋克服装趋于收敛,那种张扬的挂满别针和金属条装饰的朋克服装销声匿迹,但朋克服装的一些细节继续流行,如毛边、拼接、镂空、皱褶、一些特殊印染手法(酸洗、破坏洗等),为时装的流行带来无限的想象空间。

朋克是一种对文化具有相当冲击的社会现象,从音乐到平面设计,从时装到日常生活,涵盖的范围非常广。

(二) 服饰和色彩

服装风格体现出反传统、反社会精神,表现为不对称衣身结构、不完整衣裙处理、不调和色彩组合、不协调互相搭配,这种追求近乎扭曲、拖沓、病态的服装在整体风格上展现出颓废、怪诞、前卫和夸张的效果。

朋克服饰是时装主流设计的逆向思维,常将看似不相关的事物东拼西凑组合,并加入了自己的构思。同时追求硬朗和感官刺激,甚至是侵略和暴力感觉的穿着效果,无论在款式、色彩、图案、材质,还是具体搭配上均体现这一特点,如盔甲般机车骑士皮质紧身短夹克搭配皮裤。此外还追求特殊的对比效果,包括质感(厚与薄、轻与重、光与毛等)、大小长短比例,具体表现如毛质外套与闪光衬裙、紧窄短上衣配紧身长裤等。

源自社会下层的朋克强调"性和暴力",朋克服饰带有强烈反叛色彩,在服装上体现出打破原有服装审美体系,表现为:

(1) 以破坏为美。在细节上采用面料表面的破洞、贴补、撕裂,或边缘的拉毛,这全是故意所为,如牛仔裤、渔网背心的磨破处理。

(2) 以转换形象为美。在服装形式上,割裂服装原有形象,通过转换概念而转化为新形象,如内衣外穿、男衣女穿、女衣男穿等形式。

(3) 以暴露为美。通过对性部位的突现或裸露,体现出反传统的倾向。

朋克风格服装的色彩设计颠覆了常规的色彩理论,以非传统的手法使作品充满对比效果,具体表现为:

1. 黑色和金属色

如果探讨朋克风格服装的色彩,首选是黑色。如同哥特风格,朋克风格中的黑色是幽深、黑暗的代表,是神秘、死亡、恐怖、肃穆的化身。深受哥特文化熏陶的朋克对黑色顶礼膜拜,并将黑色广泛运用于朋克服装、配件甚至化妆上,以此渲染惊悚效果。如一袭黑衣是朋克常见装扮,通过材质(皮革、缎子、雪纺纱、毛皮、呢料等)不同组合显出差异性,这一色彩搭配形式在当代朋克风格设计师中常有表现。(图 9-44)

图 9-44 黑色是朋克服装主要色彩,意在塑造恐怖气氛

如同摇滚风格,非常规的金属材质也是朋克的宠物,铆钉、拉链、安全别针、挂链刀片等在朋克服装上常作点缀之用,其色泽在黑色质料衬托下更具前卫意识。(图 9-45)

2. 纯色和纯色、纯色和无彩色之间的搭配

纯色运用是朋克风格的主要表现,包括纯色和纯色之间、纯色和无彩色之间两种形式。纯色之间往往强调色相对比,如红绿、黄紫、橘蓝组合,通过其他辅助色彩达到统一,如上世纪 70 年代和 80 年代 Westerwood 早期作品中的纯色运用(图 9-46)。纯色与无彩色(主要是灰色、黑色)组合中,纯色或大面积运用或作点缀色,其中不同明度和纯度的红色运用最广泛,在套装、连衣裙上表现较明显(图 9-47)。此外红色还运用于配饰,如手套、鞋、围巾,甚至妆容设计上以病态式的粉白脸妆加入猩红唇膏点缀(图 9-48)。除了红色,金黄色、钴蓝、紫色也多被用于主打色或点缀色。

图 9-45　金属色彩能体现朋克的前卫反叛意念

图 9-46　运用纯色对比的朋克服装

图 9-47　Westwood 擅长在女装设计中加入大量的红色

图 9-48 朋克妆容设计

图 9-49 追求刺激效果，图案色彩异常醒目

3. 图案作为点缀色彩

图案是朋克服饰的一大特点，除了常规使用的格纹、豹纹图案外，还以独特的图形表明朋克的存在，如各类恐怖血腥场面（谋杀）、性爱画面（强奸、爱抚）、反政府口号，通常随手涂鸦、拓印，外加挂件装饰甚至文身，各类茄克、T恤、内衣、裤装都可被用来宣泄。

为了强调，图案色彩大多与服装色彩成对比效果，如纯色与无彩色灰、黑，或者无彩色之间，这类色彩搭配方式能产生强烈、刺激的视觉效果。（图 9-49）

十七、迪斯科风格色彩设计

（一）相关背景

迪斯科这个词是法语“discothéque”的缩写形式，意指那些播放录制好的跳舞音乐供人跳舞的舞厅。真正迪厅起源可追溯至 1940 年处于纳粹统治下的法国，一个巴黎人开了间酒吧，取名“迪厅”（La Discothéque），专放来自美国的爵士乐。二战后，这类迪厅成为风尚，巴黎出现了许多以放爵士乐和布鲁斯唱片为主的俱乐部，顾客只在此气氛下聊天，跳舞很少。之后在英国、美国流传开来，舞者越来越多。为调动舞者的情绪、控制舞场的气氛，出现了 DJ（唱片骑士），服务对象大多数是穷人。20 世纪 60 年代迪斯科风潮开始在美国流行，同时也伴随着迷幻药。

1975 年越南战争正式结束，社会上对政治的热情也随之消失，转而关注自我，开始追求音乐和着装的新奇和怪异。一方面年轻人文化，尤其是消极、颓废的朋克风格大行其道；另一方面社会上兴起了跳舞热，源于黑人音乐的迪斯科进入大众的视线，这种简单而奔放的音乐旋律比较容易地唤起了年轻一代的激情。1970 年迪斯科舞厅在美国大量出现，夜间年轻人穿着紧身外套

在此聚集狂欢，这种活泼、动感风潮带来了新时尚、新观念。中期以后，纽约明星富翁们也加入了这一潮流，产生了像"54 号工作间"（Studio 54）这样专为富人服务的豪华迪厅。（图 9-50）1975 年，被誉为迪斯科女王的 Donna Summer 以一曲《Love to love you baby》开创了 Disco 风潮，瞬间席卷全美，瑞典演唱组 ABBA 乐队所带来的迪斯科歌曲也在世界范围流行，如《Waterloo》（1974 年）。1976 年，Steve Rubell 和 Ian Schrager 在纽约经营的迪斯科舞厅"Club Studio 54"成为迪斯科舞迷的著名聚集地，带动了迪斯科风尚的传播。1983 年的美国电影《霹雳舞》给当时的人们带来了不小的影响，传遍、红透全球。我国也在 1985 年左右拍摄了《摇滚青年》，同样是描述霹雳舞的影片。

图 9-50　20 世纪 70 年代 Studio 54 舞厅场景

（二）服饰和色彩

迪斯科风格服装不同于白天的日常穿着，是配合特殊场合而产生的，无论是款式、色彩、图案，还是材质都突出欢快的节奏感，体现出热烈、奔放和动感的风格特征。

款式设计结构简单，为便于舞动注重上身紧身合体，利用结构勾勒体型，包括无领无袖短装、紧身衬衫和紧身胸衣，衣身往往外披飘逸长巾。裸露是迪斯科女装特征，颈部开口较大，多呈 V 字，后背也是裸露主要部位，通常以系结形式连接颈部。大腿通过眩目的质料和色彩突出女性的性感和奔放。

迪斯科风格服装在色彩设计中追求对比视觉效果，具体表现为：

1. 闪色效果

色彩是迪斯科风格表现的重要一环。迪斯科舞厅灯光炫目闪烁，气氛喧闹欢快，因此服饰色彩应鲜艳亮丽并具有跳跃感，如鲜红、鹅黄、鲜绿、桃色、紫罗兰、宝蓝等，与其相配的以黑色居多。在舞厅闪光球和霓虹灯映衬下，金色、银色因其色泽而具特殊夺目效果，所以使用率

较高。(图 9-51)

图 9-51　Elie Saab 2007 年推出的迪斯科风格女装

图 9-52　醒目的豹纹图案运用

2. 强对比效果

图案在迪斯科风格女装中占有一定作用,夸张、醒目的图形有助于风格表现,条纹、点纹是常用图形,舞动时能产生视觉的晃动感。其他还有各类动物纹样,尤其是带野性的豹纹。(图 9-52)

十八、军装风格色彩设计

(一) 相关背景

军装是军队专用的制式服装。为了便于统帅,进行训练,保持威严和进行战斗,军人们必须穿统一的制服。考虑到军人在战争中需得到保护和隐蔽,军装设计在造型、款式、色彩、面料机能等方面都从实战出发,款式结构舒适,适合活动;面料具有透气、耐用等特点;色彩与自然环境相适应,陆军采用草绿色、米黄色,海军为海军蓝或蓝白,图案则是迷彩形式。为适合战时情况,一般采用束皮带上装与裤装组合。世界各国由于地域、文化、历史背景等方面的不同,军装种类繁多,式样各异。这里所提及的军装概念主要指西欧各国,以及美国、俄罗斯和我国的军队服装。

军装风格较早兴起于 20 世纪 60 年代中后期,当时,英国的时尚青年钟情于源自二战英国海军的粗呢带帽长大衣,扣子是木制的。此外美国空军飞行员所穿的及腰长毛领皮夹克及标记图形也非常受欢迎,用灯芯绒或粗斜棉布制成的相同款式服装成畅销品。在 20 世纪 70 年代中后

期，军装风格成为朋克服饰的一个重要组成部分，军靴、子弹皮带、臂章、卡其布夹克、染色或撕裂的军绿色多袋长裤、深绿色盖世太保式皮装都是朋克的典型款式。

在现代社会中，军装样式已影响着人们的日常着装，而引领时尚潮流的时装设计师不时推出军装风格的时装，掀起一波又一波的流行浪潮。在T台上，设计师也从军服款式及其配饰中汲取灵感，设定的全新感觉的迷彩服、海军服、前苏军军服、飞行夹克、F1赛车服、摩托服、潜水服，甚至拿破仑时代的军帽都能在T型台上找到影子。

（二）服饰色彩

由于现代社会竞争的激烈，使现代女性具备了坚强的性格和独立性。就着装而言，军装风格女装符合现代女性的这一心理需求。军装风格女装表现出具男性味的帅气和冷峻，为原本妩媚女性增添了几许豪迈之气。在现代女装设计中，军装风格演化出多样性，华丽、中性、异域等感觉均同时呈现。

常规军装款式似西装，前胸配四个贴袋，外加精神穗带、肩章、肩襻、臂章、勋章、穗带流苏等装饰，整体视觉上这些装饰起着重要的作用。军装风格服装以军装中的各个装饰细节为灵感。

军装风格服装在色彩设计上，具体表现为：

1. 绿色、蓝色系列

按照常规棕绿色代表陆军，藏青色代表海军，天蓝色代表空军。棕绿色又衍生出草绿、墨绿、橄榄绿等色彩，这都是军装风格的直接反映。卡其色也是军服的标准色，通常给人以野外战场的感觉。1999年春夏的Dior时装展上，设计师John Galliano取名为“红”，推出了灵感取自20世纪20年代、30年代中国红军军装的系列设计，无袖中式斜襟和宽松长阔管裤均为草绿色，配上红五星和镶边，将军装风格与中国元素有机结合。（图9-53）

图9-53 军绿色是军装风格的代表性色彩

蓝色系列也是军装风格常见色彩，明度和纯度不一的蓝色兼有帅气和浪漫感。海军穿着的条纹水手衫，其蓝白两色相见的条纹象征水手和海岸线，搭配效果显著。2001年和2002年，Celine连续推出了军装风格大衣和夹克设计系列，灵感分别来源于海军水手和空军飞行员着装，采用的雪青色时尚而别致。

2. 迷彩色

迷彩色由绿、黄、茶和黑色不规则的图形组成，迷彩图案融入了自然界的地理环境，它能迷惑人的视线，所以无疑是军装最具代表性的纹样。在军装风格设计中，由传统的迷彩色的色调加不规则印花成为一种表现形式，如2001年秋冬Valentino的作品。（图9-54）

图 9-54 迷彩色的应用

图 9-55 以古铜色表现的军装风格设计

3. 金色和古铜色

具有贵族气息的金色和古铜色是世界各国宫廷卫队军装的必备色彩，以穗带、纽扣、镶边等装饰形式出现，运用在军装风格服装中能起画龙点睛作用。2007 年春夏 Anna Sui 的作品中加入了拿破仑式军装元素，金色滚边在整款设计中熠熠生辉。（图 9-55）

图 9-56 80 年代时尚偶像、歌星麦当娜穿着锥胸服演唱

十九、80 年代风格色彩设计

（一）相关背景

经历了上世纪 70 年代经济衰退和萧条后，从 80 年代起，世界经济已处于高速发展阶段，其中以信息技术为代表的技术革命扮演着重要角色，人们物质生活得到极大的丰富。80 年代涌现出大量具现代意识的职业女性，这些战后成长起来的年轻人历经叛逆的 60 年代和 70 年代，在 80 年代享受到因经济腾飞、物质生活极大丰富而带来的变化，她们成为年纪稍大、收入殷实的人群。她们重新讲究享受，其价值观念和生活方式发生了相当变化。她们渴望个人事业成功，因此物质主义成为生活的中心，由麦当娜演唱、风靡全球的《拜金女郎》正是这种背景写照。（图 9-56）

80 年代对物质的追求产生了因商品商标的不同而决定了穿着者的地位这一独特现象，消费者开始追逐名牌，商标争先外露，唯恐无人知晓，因为这象征着成功、富有和社会地位。80 年代关于艺术品与商品的界限越来越模糊，对品味化的生活方式的追求已经成为社会大众的需求，时装设计师也不再局限于男女时装设计的范畴，而是介入生活方式的全方位设计，从日常穿戴的一切用品到家居生活用品，从香水、化妆品、箱包皮具、首饰、家居用品，到室内外装潢装饰，甚至其他更宽广的领域，均成了时装设计师的涉足之地。致力于多元化发展的品牌也成了时尚界的巨人，如 LV、Giorgio Armani、Versace 等。

（二）服饰和色彩

20 世纪 80 年代风格突出了女装的职业化。80 年代是职业女性不断涌现的年代，女装呈现出向男性化靠拢的迹象，在服装结构、造型和细节上的表现尤其强烈。三件套套装（上衣、裤子或裙子、衬衫）是 80 年代的产物，这种源自于男装的着装形式本身体现出浓浓的女装男性化倾向。此外在 80 年代人们崇尚户外生活和运动，服装趋于休闲化。80 年代风格还有奢靡一面，这是因为物质女郎的盛行使时尚业沾上了浮夸的色彩，闪闪发亮的色彩、艳俗的烟熏妆都带有夸张成分。在服装具体表现上，80 年代风格的总特征是大、甚至是巨大，外轮廓造型、款式细节，甚至服饰配件都呈现宽大特征，这也是 80 年代风格与其他风格的主要区别。

80 年代女装灵感来自于活跃自我意识强的女性，既经典优雅又休闲实用，套装和大衣保持男装轮廓和细节。晚装很女性化、很优雅，有的柔软飘逸、有的紧身贴体，配以紧身的、展开的或膨起的裙子。年轻人的服装有明显远离朋克破烂装的趋势，而趋向于更加整洁更加创意。

80 年代女装款式在设计上主要集中于上半部分，忽略下身。同时因为体型关系，女性天生锁骨凹陷，加装肩垫正好弥补并抬高肩线，营造出女装独有的力感，非常适合职业女性的穿着。裤装作为男性的专有物也成为女性的常用单品，如果说 60 年代 YSL 的烟管裤还停留在上流社会，那么 80 年代的裤装则在一般社会阶层大规模流行，裤装成为 80 年代风格的主要特征，在 1987 年加肩垫的女装已成为职业女性的标准打扮。2007 年秋冬流行的 80 年代风格更加强调对比，如宽大造型外套配紧窄长裤，或简单紧身衣配有夸张造型的袖型和肩部。

80 年代风格服装色彩设计特点鲜明，重点突出。具体表现为：

1. 高纯度的鲜亮色

80 年代是动感的年代，亮丽鲜艳色彩是 80 年代风格服装的最佳体现，伴随着迪斯科的普及而流行。80 年代的色彩显得比较浮躁，鲜粉色、亮橙、鲜黄及金银等都是设计师喜欢用的，以此衍生出荧光鲜亮的视觉效果。2007 年春夏 80 年代风格在色彩上呈现五彩斑斓的霓虹效果，无论服装还是配件均亮丽夺目。（图 9-57）

图 9-57　鲜亮的 80 年代风格女装色彩设计，为 Balmain 2009 年秋冬作品

2. 低纯度的冷色系和黑白灰无彩色搭配

这是80年代女装色彩的主要表现。由于80年代女装带有明显的职业化倾向，所以在设计上融入了诸多男装元素并带有男性特征的冷色系，尤其是低纯度的蓝色系、绿色系无疑最能诠释男性化趋向，与黑白灰的无彩色搭配运用加强了这一感觉。明度不同、纯度较低的蓝色系、绿色系广泛用于套装、毛衫、大衣中，黑色和白色往往以帽子、手套、网纱、提包、丝巾等配件形式出现。（图9-58）

在具体运用中外套主要以黑色、灰色系列居多，白色以衬衫、裤装形式出现，因此整体上色彩差异性大、对比较强。

图9-58 以冷色系为主、搭配黑色调的20世纪80年代风格女装设计

图9-59 中性风格是21世纪时装设计的一大特点

二十、中性风格色彩设计

（一）相关背景

中性也称无性别或雌雄同体（Androgynous），是指不考虑性别的倾向。中性倡导性别转换观念，事实上它更包含更多向世俗挑战的意味，体现了现代人们追求自由和个性化，反抗权威和世俗束缚的趋势。（图9-59）

人类的两次世界大战极大地影响了人们的着装观念，是促成中性风格的一个重要因素。第一次世界大战时，大批妇女在战后从事后勤和支持工作，服装自然要求简洁方便，具男装特点的长裤和宽松服装成为首选。第二次世界大战比第一次更加严酷，面对现实，人们不得不放弃优美、典雅的时装，而转为实用、耐穿和方便的服装，于是带男性化的军装和无性别感的工作服成

为首选，女装款式具军旅风格，表现在垫肩、肩章、盖式贴袋、金属扣等方面，由军服发展而来的工装逐渐成为女性的日常着装，搭配带男童式的发式。此外，宽松的套衫、卷边的牛仔裤也很流行。这种着装形式一直延续至战后。

20 世纪 20 年代随着妇女大量参加户外运动，运动款式着装应运而生，而这些带男性化倾向的服装成为早期的中性服饰。20 年代的十年是经济萧条时代，以巴黎为代表的女装设计并没有延续表现女性传统的美感，而是将男装的一些特征掺入女装设计中，这就是“男孩风貌”服饰，简洁款式、呈 H 型的直统造型配长至膝盖的裙子或裤子，不强调女性特有身段，全然没有传统女装的优美曲线，加上似男性短发，完全是一副发育不全、天真无邪的男孩模样。

男女平等被认为是 20 世纪的最主要成就之一，这场运动 19 世纪末首先起源于英国，妇女在政治上取得了选举权，之后争取妇女在政治、教育、医疗、体育等领域与男性平等地位的斗争持续不断。可以认为除了战争因素，女权主义运动是中性风格女装产生和流行的决定因素。

（二）服饰和色彩

中性风格女装在设计中弱化了女装设计的根本——人体曲线，但决不是简单的女装男性化，毕竟男女生理特征是不同的，而是通过男性元素的加入使女装呈现出另类美感，表现为男女都能接受的服饰形象，既无男性的英俊豪迈，也无女子的柔弱典雅，呈现出别样的冷酷特质。中性风格的出现使设计师对穿着者的性别多了一种思考，一种选择，使设计呈现出多样性和复杂性。

中性风格服装在色彩设计中借鉴男装的特点，具体表现为：

1. 偏冷的单色效果

如同男装配色，中性风格服装色彩力求单一，选用的是偏冷色调，力求体现严谨、秩序、庄重的男装形象。主打色以低明度、低纯度的蓝、绿色系和视觉效果不同的黑色系为主，主要运用于西式外套、大衣等。（图 9-60）

图 9-60 暗绿色调的套装设计

2. 黑白灰色调和强对比

由于色彩本身特性，黑色、灰色系列是表现中性风格的最佳色彩，主要用于外套。如果搭配白色或高明度色彩衬衫，内外衣反差大，具有强烈的明度对比效果，体现出浓郁的中性感，如 YSL 在 1975 年设计的吸烟装（图 9-61）。21 世纪随着运动概念在中性风格女装中的渗透，各类金属色和其他明亮色也纷纷加入，与黑色形成一定的纯度对比效果，中性感觉趋于活跃生动，如 Y-3 作品。（图 9-62）

图 9-61 YSL 设计的吸烟装

图 9-62 比利时设计师 Ann Demuelemees 中性风格设计

二十一、女装男性化风格色彩设计

(一) 相关背景

女装设计男性化倾向产生于20世纪初，两次世界大战改变了女装传统审美，奠定了女装男性化发展雏形。第一次世界大战后，随着大批妇女走向职业市场，女装开始盛行结实耐用、穿着方便，带男式风格的工作衣，加上现代户外运动的出现，借鉴男装款式特点的女装成为时尚。30年代女子着装观念已出现变化，男性化的女装设计在一部分妇女中相当受青睐。40年代女装更加突出了实用，受战争影响的带军装元素的款式非常普及，如制服式工装背带裤、外型棱角分明硬挺的套装。女式发型流行男童式风格，具假小子气。

自20世纪70年代起，设计师将设计触角频频伸向这一领域，YSL无疑起了推波助澜作用，他将长裤、外套、风衣等男装设计元素引入女装设计中，线条严谨、裁剪精良、简便合身，带有浓郁的男性风格。圣洛朗借鉴男式无燕尾礼服，推出了无尾女式裤装礼服，此举拓展了女装设计的视野，开创了女装男性化风潮的先河。他设计的长裤女式套装逐渐改变女性不穿长裤上班的传统，塑造出职业女性的新形象。追求男女平等是70年代女装男性化的社会基础，无论对服装持何种态度，但对牛仔服装这一中性风格获得大众的一致认可，这促进了女装男性化的发展。

在20世纪80年代，由于独立意识的增强，职业女性逐渐在社会各界中占据了与男性平等的地位，并获得了与之相配的经济地位。为适应这一变化，设计师们借鉴男装工艺，并拆掉西装的衬里，设计了一系列女装男性化风格作品，女装男性化逐渐成为主流。

（二）服饰和色彩

女装男性化风格与中性风格既有联系又有区别，作为女装风格的表现，中性风格和男性化风格是一对孪生姐妹，彼此互相影响。两者使现代女装风格更趋多样化，更符合当代时装的发展趋势。（图 9-63）

图 9-63 女装男性化风格服装更多借鉴了男西装特点

男性化风格女装以男性服装为基础，以强化男性特征为内涵，突出强调男装特征。但这种风格不是生硬、机械地搬用男装款式，让硬邦邦的男性因素加入女装，或引导男女可以共用款式和风格，轮流享用同一件衣服和同一条裤子，而是对男装元素精心选取，并进一步改造，立足男装款式、结构、工艺等，使男装固有的功能主义和简洁风格设计转化为具有女性情调的利落和帅气，让女人穿上女装男性化风格服装看上去有英姿飒爽的效果。

由于生理上的差异，男女体型呈现不同的外形，男性身躯硕大、肌肉结实，而女性身材娇小、曲线优美，相对应的传统审美，男性表现为硬朗、简洁、英武、张扬和潇洒，而女性表现为为优雅、端庄、温婉、华丽、装饰性。男性化女装风格抛弃了对女装的传统审美，而转向男装。

男性化女装在造型上主要借鉴典型男装外形特点，突出女性曲线、强调外形夸张的廓型被完全摒弃，而代之以直线型的体态，通过采用直线裁剪、使用垫肩夸大肩宽、取消收省收腰结构等手法，形成上宽下窄外形，强调体积感。

女装男性化风格服装在色彩设计中融入男装的特点，具体表现为：

1. 纯度和明度都较低的冷色系运用

由于设计整体趋于男性化，在色彩设计上借鉴了男装特点，女装男性化风格服装色彩以纯度和明度都较低的深暗色为主，如深藏青、蓝黑色等。上世纪 80 年代流行的职业女装中，纯度和明度都较低的冷色系占据了较大比重。（图 9-64）

图 9-64 深色在女装男性化风格服装中的运用

2. 无彩色运用

无彩色以其沉着、冷峻的色彩性格成为男装设计的常用色彩，其中黑色、灰色更能体现男性个性特点,因此无彩色非常适合女装男性化风格服装表现。著名设计师 Karl Lagerfeld 的自创品牌具有浓郁的男性化特征,整体色彩以黑灰为主。(图 9-65)

图 9-65 Karl Lagerfeld 2010 年秋冬作品

二十二、预科生风格色彩设计

(一) 相关背景

预科生风格又称学院风格,它源于 20 世纪 50 年代至 60 年代初美国贵族阶层,是一种体现教养和低调的打扮,后成为“乡村俱乐部时装”。

在年轻一代充满反叛意识的 20 世纪 70 年代,前卫颓废的朋克风格影响力日盛,由此而形成的坏孩子形象让社会精英阶层思考如何抵御。一种与此相对的“好人”服装风格于 70 年代晚期在美国北部像哈佛、普林斯顿、耶鲁等美国名校兴起,并在 80 年代初开始流行,这种干净、整洁的服装形象称作预科生风格,它模仿“常春藤联盟”东部名门大学学生们的穿着。

这一风格的出现给服装界带来一阵清风,正气向上感的形象深受美国、加拿大收费昂贵住校生的喜爱。在欧美国家,校风严谨的中小学校的校服设计都带有预科生风格。预科生风格还有英国版和法国版,黛安娜王妃在婚前是此种风格的典范,而法国则是 BCBG—bon chic、bon genre,是标准的布尔乔亚喜爱的服装风格。

(二) 服饰和色彩

或许受校园宁静安逸生活的影响,预科生风格服饰着力塑造出奇的清新和整洁形象,犹如一尘不染。在设计上,总体倾向带有清纯、轻松、随意的感觉。

款式设计极端受限制,力求简洁大方,没有过多花哨细节,无设计趣味可言,给人以索然无味之感。同时注重结构,讲究穿着合体,体现材质精美,塑造完美质量。

款式以基本款为主,如条格纹棉布衬衫、翻领马球衫、无袖背心、连帽卫衣、V 型领毛衣、圆领套头衫、牛仔裤、翻边短裤、宽松带风帽粗呢大衣等,整体外观呈多层次结构。具有运动感的白色鸡心领板球毛衣领口镶有彩色条纹,是其中最基本款式,甜美可爱的百褶裙、整洁的白色长裤、工装裤也是预科生风格的代表款。

预科生风格服装在色彩设计上突出女性淳朴特性,具体表现为:

1. 色彩之间讲究和谐悦目

整体着装强调基本、简单的色彩,如米色、白、灰、蓝、棕色和褐色等沉稳中性的色彩,追求内敛、安静的色彩效果。搭配色调以明亮色、粉色居多,尤其是质嫩的米白、绿、粉红、天蓝、海军蓝

等,如针织衫,衣领、袖口的罗纹常以简单的色条与服装整体色相呼应。色彩以邻近色为主,明度和纯度差异不大,即便是基本构造的方格纹、条纹、波尔卡点纹、碎花、佩兹利纹样,或典型的苏格兰裙大方格图案,都注重色彩配搭的和谐悦目。也可以色相对比,但一般减弱其纯度、提高明度,形成弱对比。(图9-66)

2. 单色为主,多色为辅

预科生风格服装在设计上兼有校园和户外休闲的着装功能,突出女性清纯气质,所以整体配色力求明快、简洁,以单色为主,也可两色搭配,加上点缀色一般不超过三种色彩之间。(图9-67)

3. 明度较高的色彩

明度较高的色彩和白色都具有质朴、纯洁的色彩个性,因此这些尤其适合表现预科生甜美内敛的着装风格。在具体运用上,这类色彩既可用于整款服装和某一部分,也可以帽子、丝巾、腰带等配件形式出现。(图9-68)

图9-66 以粉色调为主的预科生风格服装设计,Tommy Hilfige 2010 年春夏作品

图9-67 Paul Smith 2007 年秋冬预科生风格服装设计,以墨绿为主,天蓝色点缀

图9-68 白色适宜预科生风格的表达

二十三、极简主义风格色彩设计

（一）相关背景

极简主义（Minimalism，又称简约主义、极少主义、极限主义、ABC 艺术），形成于 20 世纪 60 年代中期，盛行于 60 年代至 70 年代的美国。最初起源于绘画界，后影响至建筑、电影、戏剧和产品设计等领域。

极简主义产生与二战后工业经济的迅猛发展有密切关系。当时西方社会的经济、商业都得到迅猛发展，物质生活极大提高，追求享受和个人主义盛行，作为工业化、商业化和社会化一体的代表——美国表现尤为明显，人们的生活与此密切相关。极简主义在审美上具有工业文明的烙印，具有现代的构成美感。它更多是建筑在对事物的本源思考，以最简练的语言展现现代社会的本质。

此外在 20 世纪 50 年代占据主导地位的美国抽象表现主义，发展至 60 年代已日渐式微，与此带情绪化感性色彩相对应的是极其理性艺术的产生，极简主义此时出现有其必然性。

（二）服饰和色彩

极简主义风格设计遵从“简单中见丰富，纯粹中见典雅”，以“否定、减少、净化”的思维，简洁但不简单。与强调装饰细节的设计师相反，简约主义设计师注重服装的功能性，以减法为手段，删除过多繁复、无关紧要的装饰细节，而只保留极少的精华部分，以最精练的设计语言表达出设计概念。（图 9-69）

图 9-69　极简主义代表品牌 Jil Sander 2010 年秋冬作品

需要指出的是，极简主义设计往往伴随着中性成分，在设计中完全舍弃代表女性色彩的刺绣、蕾丝、缎带等运用。在尺寸设计上，极简主义服装更倾向于男女共性。

在款式设计中，以服装的基本款为主，在西式套装、大衣、衬衫、裤、裙的基础上精心构思，进行适当的款式变化。所安排的设计点非常有限，甚至不允许多一粒纽扣，多一条缉线，通过少量的细节使服装具有设计美感。由于在细节处理上非常明确和集中，因此需要设计师精心而巧妙的整体构思。

常见的设计表现在领、袖、袋、门襟、腰、下摆等部位的造型变化，除此之外，还可运用诸如省道、打褶、拼接、翻折、卷边、镶边、打结、系带、开衩、开口、襻、缉线等手法运用，一般在设计中只选用一种手法。

极简主义风格服装在色彩设计上以无彩色为主，带有浓重的中性成分，具体表现为：

1. 简洁明了的色彩设计

单一朴实的色调是极简主义风格体现，尤其是偏中性的黑、灰色系更是主打色彩，此外包括

明度较低的蓝色、咖啡色、褐色、红色、绿色，以及本白色、漂白色等。整款同色是简约主义风格在色彩设计上的集中表现，Helmut Lang 和 Jil Sander 即属此类。而美式简约主义设计师 Calvin Klein 和 Donna Karan 的作品除了单色设计外，还以两种不同色彩进行构思设计。（图 9-70）

图 9-70 Calvin Klein 2010 年春夏极简风格作品，以白色为主

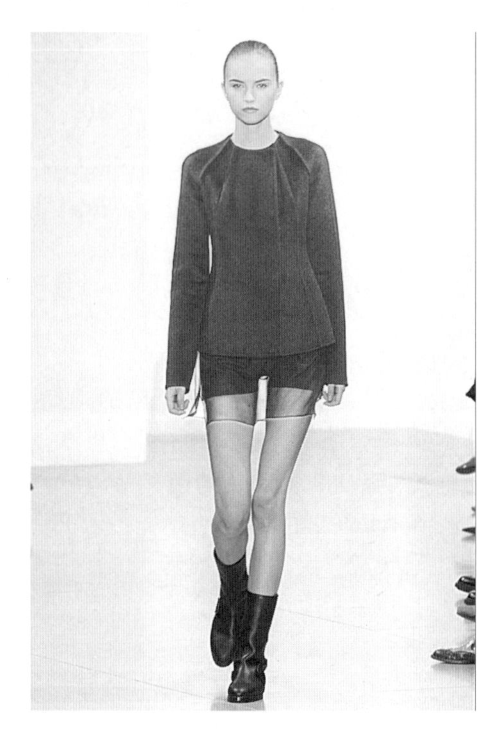

图 9-71 Jil Sander 2010 年秋冬设计，黑色是极简主义风格的常用色彩

2. 黑色、灰色

产生于上世纪 80 年代末的极简主义深受中性思潮的影响，带男性色彩倾向的黑色和灰色在作品中占据较大比重，具体运用以单色呈现，通过面料差异体现设计美感。由于极简主义拒绝配件加入，因此服装的黑色和灰色显得格外凝重。（图 9-71）

二十四、解构主义风格色彩设计

（一）相关背景

解构主义在西方艺术历史中早有反映，20 世纪初西方已出现了对表现物体的拆解现象，包括立体画和点彩画。伟大画家毕加索创立的立体画派注重将观察对象置于三维空间下，将可见的客观形象分析、解体为短直线与几何块面，并按主观感受重新组合。点彩派则对色彩进行分解，以让人的视野在一定距离观察达到最佳效果。立体画派、点彩派与解构主义均有相似之处，都是打散已有形式结构，创造和建立新的形式。

解构主义起源于哲学范畴，创导者是法国哲学家雅克 · 德里达（Jacques Derrida），他于 1966 年在美国一次演讲中提出，并相继发表了一系列作品阐明他的学说，其核心就是解构，这一术语

来自于德国哲学家、存在主义创始人之一马丁・海德格尔(Martin Heidegger 1889—1976)1927年的名著《存在与时间》的“现象学分解”(Phenomenological Destruction)概念,海德格尔认为“分解只是一种批判的步骤”、“最初必须利用的概念被分解至它们由此引出的源泉”。而德里达紧紧抓住概念偏差或语词歧义,进而利用它来分解文本的一致性。20世纪80年代晚期,西方设计界涌现出一股解构主义热潮,以彼得・埃森曼(Peter Eissenmann)和贝马得・屈米(Bermard Tschumi)为代表的西方建筑师将解构主义理论运用于建筑设计,埃森曼将解构称为“扰乱的完美”,扰乱了建筑本质中本来完美的关系,破坏了原来的衡量美德形式法则,代之以变形、扭曲、斜翘等反形式手法,他那极端抽象、异化的建筑艺术名作“俄亥俄大学韦克斯纳视觉艺术中心”体现出这一思想。

(二)服饰和色彩

解构主义设计解构的过程是一个不断冲破思维限制,不断创新的过程,解构主义的创新并不是凭空捏造,而是在以往的基础上加以改造创新,正如日本设计大师三宅一生对解构主义服装作的解释——掰开、揉碎、再组合,在形成惊人奇特构造的同时,又具有寻常、宽泛的内涵。

作为后现代主义思潮的一部分,解构主义放弃了风格的单一追求,转向对材质的体积探索,以长短尺寸、造型体块涉及服装本身的结构。正因为解构主义风格特点,其服装结构复杂、造型多样、线条纷乱,服装整体上往往呈现出不完整、不明确、不规整,并带有某种程度纷乱无序的特点,最终设计伴有一定的偶然性。

在构思和创作中,通常包括分解和重组两部分。对服装的分解往往是有目的地撕裂、拆开固有的衣片结构,打散原有的组织形式,通过加入新的设计形式重新组合、拼接、再造,使之呈现全新的款式和造型。解构主义时装设计师在忠于面料的本来面貌基础上,重视面料的再开发和结构表现,在设计上注重打散原有衣片结构,由局部入手进行分解,对服装的原有造型、款式、面料甚至色彩进行大胆改造,最终建构新的款式造型。解构主义时装主要表现在领、肩、胸、腰、臀、后背等部位,运用省道、分割线、抽褶、打裥、拼接、翻折、卷曲、伸展、缠裹、折叠等设计手法,把裁剪结构分解拆散,然后重新组合,形成一种新的结构,或者改变传统面料使用方法和色彩搭配方法。

解构主义风格服装强调打破原有体系,建立新的结构关系,在色彩设计上具体表现为:

1. 单一色彩运用

由于解构主义风格服装注重对材质、结构的重组、建构,色彩在整体服装构思中相对处于从属、次要地位,色彩设计较为单一。除了黑色、灰色,色彩大多以低明度、低纯度色彩为主,通过色彩的细微差异表现服装的丰富构造和面料材质的差异性。面料以单色为主,而图案则是简洁明了、较抽象的点纹、几何纹等。川久保玲的设计多属于此类。(图9-72)

图9-72 以灰绿为主色调的解构主义风格设计

2. 无彩色之间、无彩色与纯色之间

由于解构主义风格兼有中性前卫概念，黑白灰这类无彩色运用较广。在具体设计中往往采用对比形式，通过两种、三种性质差异较大的色彩形成强烈的明度对比或纯度对比效果，如 Martin Margiela、Ann Demeulemeester 和山本耀司的设计可归于此类。（图 9-73）

图 9-73　以黑、白两色对比的解构主义风格设计

第二节　服装色彩与材质

色彩与材质关系紧密，色彩依附材质产生色彩变化，材质由于色彩的加入而富有韵味。了解色彩与材质的相互关系，有助于在设计中更好地把握服装整体色彩效果，完美体现服装材质魅力。

各类服装材质由于成分不同而对色光的吸收、反射或透射能力也不同，这主要受物体表面肌理状态的影响，材质表面光滑、平整、细腻，对色光的反射能力较强，如丝绸织物、涂层面料、金属丝、皮革等；材质表面粗糙、凹凸、疏松，易使光线产生漫射效果，对色光的反射也较弱，如丝绒、呢料、毛皮等。同种色彩在不同材质上有不同视觉感受，如橘色，在丝绸上表现出高贵、华丽效果，在毛呢上则表现为炽热、欢快感，这主要由于织物表面反射的不同所致。

材质对色光的吸收与反射能力不是固定不变的，随着光源色的改变，材质表面色彩倾向也会改变，有时甚至脱离原有的色相属性，如光线变强，材质肌理效果表现得较为明显；如在闪烁的各色霓虹灯光下，材质的原有色彩倾向将与霓虹灯色光融合，产生新的色彩感觉。

服装材质品种繁多，设计师应该对材质与色彩的关系有一基本认识，从而在设计中更好地运用材质特点，将材质和色彩两者完美结合。以下就常用织物为例，分析其在服装色彩设计上的不同效果。

一、无光泽织物及色彩效果

(一)棉织物

棉织物主要成分是棉纤维,包括细布、府绸、泡泡纱、斜纹布、牛津布等,布面平整,质地柔软,易染色。由于色彩饱和度相对不高,所以也易褪色。棉织物反射较慢,色彩呈现柔和效果,由于这一特性使棉织物在色彩上给人以朴实、自然、舒适的感觉,适合造型自然简洁、款式随意轻松的设计,常用于怀旧、淑女、乡村、郊外、休闲等风格的表现。(图9-74)

图9-74 棉织物

(二)麻织物

麻织物主要成分是苎麻、亚麻和其他种类的麻纤维,包括亚麻细布、夏布、萱麻布等,布面细净,表面具有肌理效果,呈现漫射效果,与其他织物相比,同样色彩在麻织物上表现出明度和纯度均偏低。由于色牢度差,色彩多以纯度较低、明度适中或偏低的颜色为主,适合民族、乡村、怀旧、田园等风格的表现。

(三)毛织物

毛织物主要成分是羊毛或特种动物毛,以及羊毛与其他纤维混纺,经精梳或粗梳毛纺系统加工而成,包括凡立丁、哔叽、华达呢、板司呢、女衣呢、法兰绒、麦尔登、粗花呢、大衣呢等。毛织物反射较慢,几乎无光泽感,表面厚实硬挺。因此毛织物色彩具有层次感,纯度和明度都适中或偏低,给人以沉着、稳重、舒适的感觉,适合男性化、中性、军装等风格的表现。(图9-75)

图9-75 毛织物

毛织物中精梳和粗梳色彩效果各有不同,精梳织物表面反射相对直接,色彩呈现一丝活跃感,而粗梳织物表面反射相对慢些,色彩显得稳重。

(四)化纤

化纤织物主要原料为天然或人工合成的聚合物,经过化学处理和机械加工而成。化纤织物表面有不同质地,既有毛绒绒质感,也有表面平整效果。在色彩效果上,前者具有毛织物的特点;而后者带有丝织物的感觉。但化纤织物色牢度好,可染成不同纯度、明度的色彩,且色泽鲜艳、饱和度

高，适合古典、浪漫、前卫等不同风格的表现。（图9-76）

图9-76　化纤

图9-77　裘皮

（五）裘皮

裘皮主要成分是动物鞣制后的毛皮，其中貂皮（mink）和狐狸皮（fox）是目前常用的两大部分。裘皮表面毛发厚且密，呈立体感，光线反射极慢。由于质地的独特性，无论何种色彩裘皮都显示出层次感，不同色彩毛皮的拼接表现尤其如此。此外裘皮表面因毛发位置不同、色彩有深浅变化，设计中通过组合、拼接能产生独具魅力的视觉效果。（图9-77）

二、有光泽类织物及色彩效果

（一）丝缎

丝缎织物主要成分是丝绸，包括双绉、真丝电力纺、留香绉、碧绉、山东绸、双宫绸、柞丝绸、绵绸等。丝缎织物手感柔软，光滑飘逸，光线的直接反射使其外表华丽、热烈、高贵、浪漫。由于色彩饱和度较高，织缎物以高纯度和高明度的色彩为主，适合浪漫、性感、女性化等风格的表现。（图9-78）

（二）皮革

皮革主要成分是以牛、猪、羊等动物的生皮，光线反射直接，光泽感强，色彩富有张力。织物随着受光面的移动而不断改变色彩，尤其是高明度、高纯度织物给人的流动感特别强。（图9-79）

图 9-78 丝缎

图 9-79 皮革

皮革表面色彩独具特点，弯折凸显处带有光泽，色彩比面料本身色彩浅，而凹陷处属暗部，色彩比面料本身色彩深。皮革中的漆皮表现尤其明显，上世纪 60 年代的“湿装”（wet look）、90 年代中期和 21 世纪的年轻风貌正是以漆皮这一材质和色彩特点为流行主调。所以设计师可以充分利用皮革表面的色彩特性，设计带立体感或折裥的细节。由于大多皮革色彩偏暗，所以可以选择对比强烈的色彩组合，适合军装、朋克、摇滚、中性等风格的表现。

（三）人造皮革

人造皮革是现代合成材料，没有动物皮革的特性，透气性差，外观无动物般自然。但人造皮革在色彩上具有皮革的一些基本特点，同时又具有皮革没有的优点，人造皮革色彩更多样，光线反射更直接，光泽感更强，色彩更富有张力。人造皮革染色不限于常规的皮革色彩，经过印染工艺处理可任意构思，因此人造皮革适合风格较皮革更广。（图 9-80）

图 9-80 人造皮革

（四）羽毛

羽毛为禽类特有、覆盖全身的表皮衍生物，质地轻盈，富有弹性和保暖性，精选加工后的羽毛洁净、带有光泽，可染成不同的色彩，广泛运用于女装，尤其是晚礼服的设计，适合优雅、高贵等风格表现。（图9-81）

图9-81 羽毛

三、透明、透视织物及色彩效果

（一）薄纱

薄纱主要由棉、丝或化纤织物构成，包括雪纺、巴里纱、蝉翼纱等，薄纱质地轻飘，具有朦胧透视效果。以棉、丝织物构成的薄纱色牢度较差，色彩饱和度较低；以化纤织物构成的薄纱色牢度较好，色彩饱和度较高。薄纱适合浪漫、性感、女性化等风格的表现。

与其他织物相比，丝织物具有独特魅力。在现代女装设计中，丝织物因轻薄透明常用于面料的叠加，俗称“透叠”。透叠常用于丝织物之间，轻薄质料表现出若隐若现效果，平添女性的性感成分，尤其适合晚礼服设计。设计师正是利用丝织物叠加特性，而增添服装的美感，如2006年、2007年和2008年女装设计中广泛使用这一手法。丝织物也与非丝织物混合透叠，这能产生质料上的差异，尤其是丝织物与厚重织物更是如此。

就色彩设计而言，透叠产生两种效果：色彩混合和色彩图形。如果相同色彩质料叠加，面料表面的色彩明度将加深，例如浅咖啡色叠加后变为深咖啡色；如果不同色彩质料叠加，由于色彩的差异性，使面料色彩混合，改变原有的色彩外观倾向，例如以黄色和蓝色丝质物设计服装，两色重叠部分即形成绿色。如果加入人体的走动还使叠加面料之间时而贴近时而离开，能不断变换面料的色彩倾向，产生色彩幻觉。另外不同色彩的透明面料叠加，能使叠加部分与未叠加部分结合产生不同的色彩图形，服装外观也呈现出独特的视觉外观，这是非常有趣的设计现象。（图9-82）

图9-82 薄纱

（二）塑料

塑料俗称PVC，是化学合成材料，在2007年春夏女装设计中成为不可或缺的材质。塑料有透明的和不透明的两种，尤其适合表现带有年轻、前卫、未来、另类风格的设计。透明塑料与薄纱织物一样具有透视效果，在与其他材质重叠时能产生色彩混合。相比丝织物，塑料更加透视和彻底，所以全无丝织物的含蓄和柔美感。由于表面带有光泽，所以塑料表面又不乏皮革的光泽效果，光感强，色彩具有流动感。（图 9-83）

图 9-83　塑料

第三节　服装色彩与图案

服装图案与色彩设计密切相关。一方面服装图案影响色彩设计方向，引导配色的形式，另一方面色彩设计以与图案相匹配的明度、纯度衬托图案，将图案和服装配色组成一个有机整体。就图案而言种类繁多，包括单独纹样、二方连续、四方连续等形式。配色复杂，如单色、多色及无彩色等。在服装色彩设计中，应有效运用色彩设计原理，将图案纳入整体构思中，使整体色彩形成一个视觉和谐、形式统一的效果。

一、服装图案对色彩设计的影响

（一）几何图案

几何图案是服装面料的常见形式，包括有规则几何图案和无规则几何图案两大类。规则几何图案包括条纹、格纹、点纹、锯齿纹、波状纹、弧状纹等，以及各类规则几何形状图案；无规则几何图案则是自由、随意、抽象的几何图形。

在几何图案的配色中，有以下一些原则：

1. 协调呼应的配色原则

一般选图形中的某一色作为服装和配件的主色调，配上相应的同类色，如图中红色为主，搭

配黄色、紫色、黑色、白色等。(图 9-84)

2. 形成对比的配色原则

突破常规,运用色彩设计原理,选用与主色调在明度或纯度呈对比的色彩,形成视觉反差效果,衬托出服装图案效果。这类配色适合带民族风情或风格前卫新潮的服装设计。(图 9-85)

(二)花卉图案

花卉纹样是女装设计中运用广泛的图案,是服装设计的一大特色。在服装色彩设计中,无论是大花,还是小花、碎花,色彩都表现得多姿多彩、绚烂夺目,常规是二至三套色,也可更多。在花卉图案服装配色中,首先应明确其主色调,即在整款服装色彩中带有设计主题方向的色彩感觉,主色调的确定色彩有利于选择合适的色彩进行搭配。与花卉图案服装进行配色,一般有两种情况,或是单色,或是花卉纹样。如是前者可以以花卉纹样作为主色调,选择与其性质相近或相异的色彩进行搭配;如是后者可花型相同,色彩不同,也可花型不同,色彩相同。(图 9-86)

常用以下几种配色方法:

图 9-84 起协调呼应关系的配色

图 9-85 带图案的上装配色与裙子形成对比关系

图 9-86 花卉图案配色原则强调和谐

1. 同类色或邻近色原则配色

这是一种较为稳妥的配色方法。选花卉图案中的一种色彩进行搭配，常见于古典、少女、淑女等风格女装色彩设计。（图9-87）

2. 无彩色配色

这是一种较为保守的配色方法。以黑白灰和金银这类无彩色与不同明度、纯度的花卉纹样搭配，与绚烂缤纷的图案相配时尤其显得整体而不紊乱。（图9-88）

3. 明度对比原则配色

这是一种显示明暗比较的搭配方法。视图案色彩而定，如图案是明色调，服装可采取暗色调形成视觉对比；反之亦然。如图内衣图案与外套在色彩上形成明度差异。（图9-89）

图9-87　花卉色彩与拼色同为紫色

图9-88　裤装色彩丰富，上装则采用黑色搭配

图9-89　强调明度对比关系的配色

图 9-90 服装与花卉色彩呈补色关系

4．补色对比原则配色

这是一种较为激烈的配色方法，如红色布料配绿色图案，体现出前卫激进或民族风情的设计风格。服装色彩设计惟有纯度的对比碰撞，才别具魅力。LV主设计师Marc Jacobs、Westwood、John Galiano和走民族路线的Antonio Marras擅长这类形式。（图9-90）

5．与纹样色彩呈反向性质的原则配色

这是惟有花卉图案服装的独特形式。女式春夏装花卉图案往往是设计的重点，与其搭配时可采用同样形式的花形相配，纹样造型可大可小，但在色彩性质上则完全相反，如无彩色对有彩色、低明度对高明度、低纯度对高纯度或花卉色彩之间互换等反向对比关系来协调，波西米亚风格女装色彩常具有这一特征。（图9-91）

（三）人物和动物图案

服装中的人物和动物图案常以单独纹样形式出现，一般是整款设计的视觉中心，色彩醒目显眼。配色时可根据人物和动物色彩，采用衬托法，以同色调的色彩为主，色彩比人物和动物色彩明度低。也可通过纯度对比手法，选择与人物和动物色彩纯度相反的色彩。（图9-92）

图 9-91 上下装花卉图案与色彩呈反向性质

图 9-92 以明度配色原则突显人物图案

服装上人物和动物图案面积相对不大，为突显其视觉效果，配色面积宜大块且整体，色彩数不宜多，色调应统一，过于细碎的色块容易分散视觉中心。

（四）卡通漫画图案

卡通漫画图案在服装设计中是一种较时尚化的装饰表现，设计师通过巧妙的布局和构思，流露出可爱、轻松的情感状态，常用于春夏季的T恤、裙装、夹克等服装中。服装上的卡通漫画图案就似画家的画作，为突出其视觉效果，配色围绕图案展开，采用与其在明度或纯度上呈对比的色彩，如图案的明度、纯度较低，则配色以明度、纯度较高为主。法国设计师Jean Charles de Castelbajac擅长卡通漫画图案在服装设计中的运用，营造出欢快、诙谐、幽默的气氛。（图9-93）

图9-93　卡通漫画图案配色

图9-94　衬托法配色运用

二、服装图案配色的基本方法

（一）衬托法

这是一种简单有效的配色方法。运用色彩的明度对比、纯度对比原理，以及图案相互之间的繁简、大小、聚散、动静等相互关系进行衬托，意在突出服装主题图案。如图上身面料是明度和纯度均较高的抽象纹样，下身则配明度和纯度较低的深咖啡色，拉开明度差异起到衬托上身的作用。（图9-94）

（二）呼应法

选取图案中的一种色彩作为服装配色，形成相互之间的内在联系，这种配色方法具有极强的整体协调效果。如图上装色彩即取自裙装图案中的咖啡色。（图9-95）

在配色中，由于色彩基本接近，可考虑拉开相互之间的面积、形状等关系，形成一定的对比效果，避免过于平淡。

（三）点缀法

在领口、胸前、肩部、袖口、腰侧、下摆等处设置不同于服装其他部位的色彩，起画龙点睛作用，这类色彩主要运用于配件上，如花饰、胸针、领结、挂件、帽子、包、腰带等，也可用于服装的镶边、拼接、图案等。用于点缀的色彩在明度、纯度、色相方面与其他色彩形成一定程度的对比，同时因面积相对较小，造型较奇特，所以能聚焦人的视线。如图领口处的橘色挂件在整款服装中视觉醒目。（图9-96）

（四）缓冲法

服装面料图案色彩繁多容易产生视觉混乱，如果在图案之间加入单一色彩能有效缓解这一状况，达到整体协调作用。缓冲色彩以无彩色的黑、白、灰、金、银为主，也包括明度、纯度较低的色彩。缓冲法也用于服装面料单一色彩设计中，通过明度、纯度、色相上的对比达到视觉缓冲效果。如图腰间深褐色在整款色彩设计中起缓冲作用。（图9-97）

图9-95 呼应法配色运用

图9-96 点缀法配色运用

图9-97 缓冲法配色运用

第四节 服装色彩与人体肤色

作为服装穿着的主体,人承载着诠释服装美的作用,而人体肤色是表现服装美的一个关键因素。作为一个设计师首先应考虑服装色彩与穿着者的人体肤色的关系,通过运用不同的设计手法达到协调和悦目,并体现穿着者的个性。

根据研究,世界上人类对于色彩爱好的序列依次为:青色、红色、绿色、白色、粉红色、淡紫色、橙色、黄色。而不同人种对于色彩的喜好又有不同,见表9-1。

表9-1 主要人种喜爱色彩序列

黄种人	红色、黄色、金色
白种人	青色、红色、绿色、淡紫色、橙色、黄色
黑种人	红色、青色、绿色、淡紫色、橙色、黄色

一、白肤色

居住在欧洲、北美地区的人种肤色偏白,属高加索种人,其中北欧人肤色最白,南欧人肤色暗白。西方白种人因肤色白净偏红,历史上喜好白色,如古希腊、古罗马人的服饰色彩即以白色为主。(图9-98)

白肤色易与其他色调搭配,无论明度、纯度的高低,或者无彩色,都能产生与众不同的效果。与深蓝、熟褐、炭灰等低明度、低纯度色彩搭配能衬出亮丽肌肤,显得稳重大方;与酒红、橙黄、柠檬黄、果绿、紫红、天蓝等高明度、高纯度色彩搭配能使女性更显活泼开朗,突出年轻感觉,因此红、橙、黄、绿、青、蓝等鲜艳色是大多数欧美白人喜爱的色彩;与黑色搭配将凸显对比效果极具视觉冲击力,而与白色搭配则是洁白高贵的体现。

图9-98 白肤色人种

二、黄肤色

居住在亚洲东部的人种肤色大多偏黄,属蒙古利亚种人,我国大部分人属于此类。黄色

在明度和纯度表现上不温不火，由于黄肤色与黑头发、黑眼睛配衬，较能形成一定的对比关系，所以整体效果较好。（图9-99）

黄肤色较易与暖色调搭配，如明度较高的粉色系列，无论是红系列还是橘色系列都能衬出风采。此外黄肤色与冷色调搭配别具特色，尤其是明度、纯度不同的蓝色系列，能产生一定的对比效果，体现出色彩美感，如与浅蓝或深蓝色搭配能显得甜美，并能衬出细腻的肤色。根据色彩搭配理论，黄色与橘色、褐色、绿色在一起易使肤色更黄，缺乏生气，所以选择服装色彩时应避免此类色彩。

黄肤色也存在偏冷和偏暖两种类型。偏冷肤色选择余地相对较大，适合明度和纯度不同的色彩，尤其与明度较低或纯度较高的冷色系列搭配别具魅力。此外这类肤色也适合与紫色系列、黄色系列甚至灰色、白色配衬，能显得更动人。偏暖肤色适用面较小，尤其对明度、纯度较高的暖色调选用应慎重，避免亮色和艳色，宜采用弱对比配色手法。事实上，明度、纯度不同的冷色调最适合与此类肤色搭配，绿色、紫色可作为点缀色彩。

图9-99　黄肤色人种

三、黑肤色

居住在非洲的人种肤色偏棕黑色，并带有光亮感，属尼格罗人种。（图9-100）

对于皮肤黝黑的人而言，在配衬服装色彩时选择余地较大，如同白肤色人种，不同明度、纯度的色彩，甚至无彩色均适合搭配。在具体运用中，白肤色与黑肤色各有不同侧重点，如果白肤色与低明度、低纯度搭配更能出彩，那么最适合与黑肤色搭配的是高明度、高纯度的色彩。

黑肤色最适合与纯度高的鲜亮服饰色彩搭配，如与大红、鲜绿、嫩黄相配既有

图9-100　黑肤色人种

明度和纯度对比，又能散发出热烈奔放的气息，事实上非洲服饰色彩大多属此类。黑肤色和白色服装是绝配，富有弹性的黑肤色配搭白色服饰更能显出与众不同的个性风采。

第五节 服装色彩与配饰

配饰是依附于人体上的装饰品和装饰总称，包括帽子、包袋、首饰、领饰、腰带、臂饰、鞋、袜、手套、围巾、眼镜、纽扣等，和服装同属于服装设计的范畴，是体系内的两个表现内容。两者相互依存，既有区别，又有联系。服装居于主导地位，是设计的重点，决定着整款设计的大体风格；而配饰处于从属地位，根据整款服装的造型、款式、色彩、材质等因素，产生相应的构思。其中色彩是联系服装和配饰两者关系的一个重要环节。

与服装相比，配饰形状大小均微不足道，但整体上不可或缺。配饰色彩一方面可协调服装整体关系，另一方面也可起到烘托、点缀作用。例如服装款式简洁素雅，可通过配饰的跳跃色彩以美化、衬托服装；反之，服装造型夸张、结构复杂，鲜亮色彩的配饰将加剧视觉的凌乱感，低明度、低纯度色彩不失为明智选择。

除了配饰与服装的色彩关系外，配饰之间的色彩也互为关联、互为陪衬。通常配饰色彩统一在服装整体色调中，相互地位是平等的，这种配色手法较平淡无味。如果想打破常规，创造出新的配色感觉，可在配饰中调整色彩关系，选配饰中一种，拉开相互之间的明度或纯度关系来突显加强。例如图中外掏、裤装、手套、包袋色调由米黄色、咖啡色、橄榄绿组成，色彩关系相近，而领面上的装饰件是显眼的红色，与其他色彩形成差异，尤其与外套色彩形成对比关系，无形中凸现了它的视觉效果。（图 9-101）

图 9-101 配件配色应考虑与服装的整体关系

配件色彩在男装和女装具体运用中表现差异很大，这反映出男、女装在配件色彩设计上的不同思路。男装配件色彩大多倾向于与服装保持大体一致，色调整体和谐统一，多以低明度、低纯度的深色系列为主，体现男装严谨、成熟的设计风格。运动休闲风格和前卫风格属例外，配件色彩与服装存在一定的对比。与男装配件色彩完全相反，女装配件色彩选择范围广，根据风格不同，从低明度、低纯度的深沉色，到高明度、高纯度的鲜艳色均可采用，体现女装时尚性、个性化特征。20 世纪 90 年代中期以来，“雌雄同体”

审美逐渐崭露头角，男装与女装穿着界线的日趋模糊，配件色彩设计也反映出这一倾向，原本色彩较单一的男用配件色彩呈现出多元化的倾向，而女用配件色彩则借鉴了男用色彩，两者交叉融合。

配饰与服装色彩的相互关系包括以下几点：

一、帽子与服装色彩的相互关系

帽子是指戴在头上用于遮阳、保暖、挡风等的物品，既有功能性考虑，又有装饰性作用。帽子选材范围较广，包括各类纺织品（呢、毡、化纤等）、皮革、绒线服用材质，也包括竹子、草、木、塑料等非服用材质，色彩呈现多样性。

帽子与服装整体密切相关，是流行变化的重要表现形式。帽子位置比较独特，因此其色彩设计在服饰整体中起到引领视线的作用，同时在一定程度上能协助服装确立风格的大体走向。帽子与服装配色表现为以下几种情况：

（一）同类色搭配

帽子与服装整体色彩在色相、明度、纯度上相同或相近，而以材质拉开区别，从头至身体形成视觉相连、统一协调的视觉效果。这是较稳妥的配色方法，但较为呆板、单调，主要运用于风格古典、质朴、自然的淑女、少女服装。（图 9-102）

图 9-102 帽子与上装在色彩上属同类色关系

（二）对比色搭配

指帽子与服装整体色彩在明度、纯度上形成对比关系。在帽子色彩处理上，运用明度对比是常见手法，帽子色彩选择比衣服色彩深，这一方面起到陪衬作用，另一方面也突出帽子色彩，如深色帽子配浅色服装。纯度对比的色彩呈鲜明的对比效果，主要有彩色帽子配灰色衣服、灰色帽子配彩色衣服（图 9-103）、帽子与衣服成一定程度的对比色或补色关系三种形式。（图 9-104）这类配色形式大胆，不落俗套，能给人一定的视觉冲击感，尤其适合体现运动感的户外休闲服装，以及构思夸张的前卫服装。

图 9-103 深灰帽子衬托酒红色外套

图9-104 黄色帽子与蓝条纹上装形成对比关系

图9-105 黄色帽子与黄格子裙装在色彩上属同类色

（三）同花色服装搭配

花式服装至少两套色以上，为使服装趋于整体协调，可挑选服装花式图案、款式或配件中的一种颜色作为帽子的色彩，与服装色彩呼应，这样能有效抑制花式图案纷繁的视觉效果。（图9-105）

（四）造型因素影响帽子与服装配色

帽子造型大小在与服装搭配色彩选择上有直接关系，尤其是大造型的帽子，视觉扩张感强，无论服装色彩明度、纯度如何，宜选低明度、低纯度色彩；而造型较小，为强调其视觉效果，可采用与服装在明度、纯度呈对比关系的色彩。（图9-106）

图9-106 帽子造型过大，宜选低明度、低纯度色彩

（五）帽子色彩数量与服装配色

帽子与服装在色彩设计中是一整体。如果服装色彩单一，为烘托气氛，可将帽子配色多样化，例如户外运动服装；如果服装色彩较丰富，不妨挑服装中一色作为帽子色彩。（图 9-107）

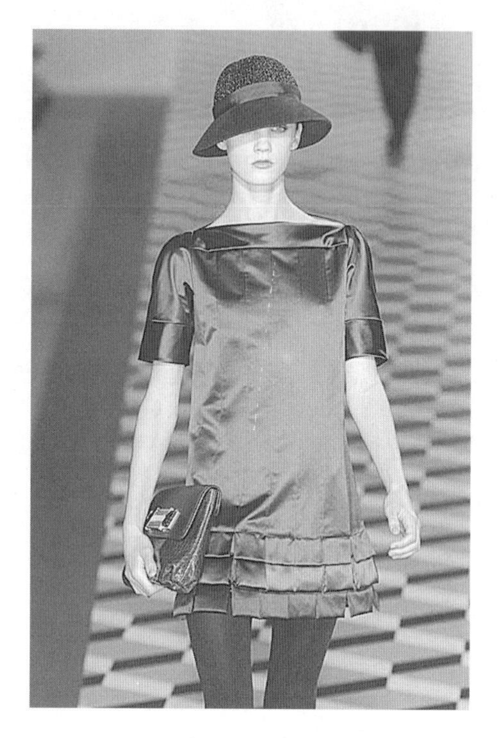

图 9-107　裙装下摆色彩与帽子一致

二、包袋与服装色彩的相互关系

包袋是挎在肩上或拎在手上盛物用的对象，是服饰配件中的一个重要形式，不仅具有功能性要求，而且起到美化装饰作用。包袋造型多样，尺寸相对较大，因此包袋是除了服装外表现流行的一个重要组成内容。

包袋常规材质包括天然或人造皮革，可选用的色彩相对较少，适合风格传统的时装设计中。随着 21 世纪运动休闲风格的盛行，各类装饰面料、高科技合成材料、金属等相继加盟包袋中，极大拓展了包袋色彩范畴，除了常规的色彩外，荧光色、眩光色等具高科技感的色彩成为流行主调。此外，在包带色彩设计中，更多融入了诸多时尚风格，表现出多元化的色彩设计，如带未来主义特征的金银色、受 20 世纪 80 年代风格影响的眩彩色等。

包袋与服装是一有机整体，其色彩设计对服装整体起美化、装饰作用。包袋与服装配色表现为以下几种情况：

（一）同类色搭配

表现为包袋整体色彩与服装在色相、明度、纯度上相同或相近。由于包袋材质与服装存在差异，即便相同色彩，包袋的色彩效果也显得较突出。这类色彩适合与风格典雅大方的服装搭配，给人端庄、严谨的形象感觉，适用于正式场合，如参加会议、赴宴等。（图 9-108）

图 9-108　包与服装属同类色彩搭配性质

（二）起衬托作用的色彩搭配

作为服饰整体的一部分，包袋色彩对服装色彩效果具有陪衬作用。如果服装色彩过于平淡、单调，可考虑将包袋与服装色彩设计成对比关系，一方面使整体效果富有变化和活力，另一方面对服装色彩起衬托作用。例如服装色调灰暗，包袋可选鲜艳色彩；反之，服装色调艳丽，包袋可选素色。或者服装多色组合，包袋为单色；服装为单色设计，包袋由多种色彩组合。（图9-109）

（三）起平衡作用的色彩搭配

表现为包袋色彩是为服装上下或内外之间的色彩关系起平衡作用。服装配色如果是对比色或补色关系，整体效果显得比较生硬和对立，将包袋色彩设计成无彩色系的白色、银色、黑色等，视觉可起到缓冲作用。如图上装翠绿色与裤装暗红色形成弱对比，包色彩选择为黑色，大大缓解服装色彩对比强度。（图9-110）

（四）起协调作用的色彩搭配

表现为包袋色彩与整体服装中某一色彩有关联，相互呼应。例如包色彩与服装上的领口、门襟、袖口、下摆滚边合花形的一种色彩相一致，也可选择与其他配件或图案色彩一致，如此可增强服装整体的协调性。（图9-111）

图9-109　深黑色包袋在整体服装色彩设计中起衬托作用

图9-110　起平衡作用的黑色包

图9-111　包色彩与服装图案中的黄色一致

三、鞋与服装色彩的相互关系

鞋是穿在脚部的对象，具有防护、保暖、美化作用。鞋是配件中非常重要一个方面，鞋配色直接影响到服装的整体效果。鞋的常规材质是皮革和人造皮革，色彩变化有限。此外，各类纺织品、高科技材质也广泛运用于鞋设计中，色彩显得丰富多彩。

根据场合不同，鞋色彩有不同考虑。与职业服装、礼服搭配，鞋色彩力求与服装一致，体现严谨和精致感；与运动、休闲服装搭配，鞋色彩可与服装有区别，如提高明度或纯度，塑造活泼、轻松形象；与前卫风格服装搭配，鞋色彩可不落俗套，大胆配色，包括运用纯色。

鞋是服装风格的具体表现，其色彩设计往往影响到服装整体形象。鞋与服装配色表现为以下几种情况：

（一）同类色搭配

鞋色彩与服装整体处于同一色调中，或明度上稍深一层，能产生和谐悦目的视觉效果。如果上下服装色彩不同，宜选与上装相同或相近色彩。这类配色适用于风格端庄、雅致的服装设计中。（图9-112）

图9-112　靴与服装属同类色关系

图9-113　起强调作用的鞋色彩

（二）起强调作用的色彩搭配

与服装色彩形成对比的鞋色彩视觉突出，尤其是高明度或高纯度色彩的鞋更能使人产生轻盈感，具有跳跃性，如素色服装配艳色鞋，或艳色服装配素色鞋。这类配色适合风格活泼或观念前卫的服装设计。（图9-113）

(三)具有呼应作用的色彩搭配

表现为鞋色彩与服装某一部分大体一致,这类配色适用于较多色彩的服装中,鞋色彩宜单色,过多色彩容易引起视觉混乱。如果上下装是不同色,鞋色应与上装相呼应。这类配色主要应用于休闲类服装中。(图 9-114)

(四)黑色和白色运用

由于鞋的主要材质为皮革,在鞋色彩设计中,黑色具有一定的特殊地位,这也是鞋与其他配饰的区别所在。作为无彩色,黑色能与所有色彩进行搭配,因此选用黑色鞋与服装搭配均不会出错。这是一种较为保守、稳妥的配色方法。(图 9-115)

白色在鞋色彩设计中运用广泛,尤其适合与运动休闲风格服装搭配。无论何种服装色彩,它都能提升穿着者精神,富有生气。

图 9-114 鞋色彩与服装图案中的红色形成呼应关系

四、袜与服装色彩的相互关系

袜子是穿在脚部的对象,具有防护、保暖、美化功能,并起衬托服装的作用。传统袜子材质局限于针织料,色彩相对变化不大。如今袜子作为时尚单品,色彩选择范围扩大。

现代时尚已将袜子概念延伸至腿部,与裤相连,出现裤袜这一新名词(leggings)。裤袜起始于 2006 年,当初只是内衣中丝袜的延伸形式,经设计师的推波助澜,裤袜发展成时尚配饰,如今已属独立品种,兼有袜子、丝袜和裤的概念。裤袜色彩设计融入了诸多时尚元素,风格多元化,既有体现经典的黑灰等素色,(图 9-116)也有具前卫意念的金、银、眩彩等亮丽色彩。(图 9-117)2009 年和 2010 年女装设计中,裤袜处于流行浪尖上,服装设计师对此厚爱有加,除了精彩纷呈的色彩,图案也成为展现其魅力的最佳形式,高明度、高纯度色彩对比图形裤袜比比皆是。(图 9-118)由于裤袜色彩的独特效果甚至影响到服装的色彩搭配,整体色彩设计趋于明度和纯度较低倾向,如 2010 年秋冬意大利的 Dsquared2 和 Just Cavalli 的女装设计。(图 9-119)

图 9-115 黑鞋一种较为保守、稳妥的搭配方法

图9-116 经典的黑灰色裤袜

图9-117 亮丽的裤袜色彩

图9-118 花式裤袜在2009年和2010年成为流行主调

图9-119 2010年秋冬 Dsquared2 设计

就穿着场合而言，袜子分正式和运动休闲两大类。偏于深黑色系列袜子形象低调，适合搭配正式西套装，起陪衬作用；明度和纯度均偏高色彩的袜子视觉突出，易与运动休闲风格服装相协调。

袜子是服装整体设计中的一个组成部分，对服装风格走向起到衬托作用。与服装配色表现为以下几种情况：

（一）同类色搭配

表现为袜与服装色彩大体相同，或在明度上比服装深一层色彩，一方面使人的视觉由上至下自然延伸，另一方面能收缩腿部视线，产生修长感。如果服装色彩较浅，袜子色彩应接近肤色。男士袜子色彩应选择中性色系，同时比服装色彩更深，这样能体现出男士的品位。同类色搭配是一种较为传统的搭配形式，适用于风格正统保守的男女正装设计。（图 9-120）

图 9-120 与服装呈同类色关系的袜子

（二）强调色搭配

采用与服装色彩形成明度或纯度差异的色彩，起视觉强调作用。例如素色袜子配彩色服装，或彩色袜子配素色服装，前者起衬托作用，而后者由于色彩独特，容易形成视觉中心，近年来女装设计采用这类配色手法。与运动和休闲风格服装搭配的袜子往往采用具对比效果的纯色，体现户外欢快的情调。

（三）起呼应作用的色彩搭配

袜子色彩与服装或配件部分色彩相互穿插，在色彩性质上形成关联性，具有呼应作用。这类色彩设计跳跃性强烈，适合带有浓郁民族风情的少女装设计。（图 9-121）

图 9-121 袜子色彩与上装花纹成呼应关系

（四）黑色运用

黑色丝袜是女装搭配中的常见形式。由于属性独特，黑色能与所有色彩相配。同时一方面能将视线上移，并衬托服装整体效果；另一方面可收缩人的视线，显得苗条。（图 9-122）

五、首饰与服装色彩的相互关系

首饰是指佩带于头、颈、胸、手等部位的对象，包括项链、项圈、胸坠、胸针、耳环、耳坠、手镯、手链、脚镯、脚链、戒指等，首饰不具有功能性用途，纯

粹为了装饰美观。首饰材质门类繁多，包括金属、玻璃、宝石、动物骨骼、贝壳、陶瓷、塑料、橡胶、纺织品、皮革、绳带等不同类型，既有像黄金、银、珍珠、无色玻璃等材质构成的无彩色系，也有不同明度、纯度的彩色系列。

首饰造型相对较小，但作用不可小觑。首饰色彩设计应注重与服装的协调，并衬托出穿着者的气质。此外还需考虑与肤色的关系，通过运用色彩设计原理，选择合适的色彩，使首饰在肤色衬托下更具美感。首饰与服装配色表现为以下几种情况：

（一）无彩色系列

这类首饰色彩是百搭，适合与不同色彩类型服装搭配，起到协调作用，如金银饰品、珍珠、水晶等。可用于上班、赴宴等较正式场合，能体现出精致、富贵、成熟、高雅气质。（图9-123）

（二）同类色搭配

选择服装色彩中一种作为首饰主体色彩，明度、纯度可稍有差异。适用于上街、交友、聚会等非正式场合，体现轻松、随意的氛围。（图9-124）

图9-122 黑色袜子运用

图9-123 金色是首饰的常用色彩

图9-124 首饰色彩与服装整体一致

（三）强调色搭配

视服装主体色彩而确定强调色，如服装素色为主，可选择鲜亮色彩进行对比；如服装套色较多，而且比较艳丽，可选择无彩色进行对比衬托。同时为加强视觉效果，可将首饰尺寸设计得大些。（图 9–125）

图 9–125　黑色手镯与鲜艳的裙装色彩形成对比

六、围巾与服装色彩的相互关系

围巾是指用于缠绕于颈部和肩部的物件，分方巾、领巾和长围巾三大类，具有保暖、装饰作用，主要用于头部、颈部、肩膀的围裹以及胸、腰、手臂、发髻、包袋等处的装饰。围巾主要材质为真丝、纯棉、羊毛、羊绒、化纤和皮革等，其中真丝因其色彩和花形，在与服装搭配时，尤其能取得与众不同的穿着效果。

由于装饰部位的独特性，围巾在服装整体设计中占据重要地位，它能衬托脸部，并引领人的视线，起画龙点睛的作用。围巾与服装配色表现为以下几种情况：

（一）与服装色彩呼应

围巾与服装在面料质地、属性等方面有差异，但在色彩的明度和纯度上较接近，两者成为一个统一体，你中有我，我中有你。这类配色较易协调，但处理不慎易造成视觉平淡，缺乏精神。（图 9–126）

图 9–126　围巾与服装色调统一

（二）起突出和强调作用

相比其他配件，围巾尺寸相对较大，一块与服装色彩在明度或纯度上形成对比关系的围巾能拉开两者距离，并成为视觉的中心。例如素色服装单调乏味，图案独特、色彩艳丽的围巾无论是头部包裹、颈部或腰部系结，还是系在发髻或包袋上都能使穿着形象熠熠生辉。（图 9–127）

（三）围巾色彩数量与服装配色

一般围巾色彩套数较多，图案复杂，与其搭配服装色彩宜简练。总体原则是：如果服装是单色，选用套色较多的围巾能使穿着顿显生气；而多色服装配上单色或套色较少的围巾则能化解因色彩丰富带来的视觉紊乱。（图 9–128）

图 9-127　较鲜艳的围巾色彩在整体色彩中起强调作用

图 9-128　单色服装配套色较多的围巾

七、领带与服装色彩的相互关系

领带是上装领部的服饰配件，是男式西装的主要搭配品种，体现传统、保守、稳重、优雅的风格。随着男女服装在设计观念上的相互渗透和借鉴，领带这一原属男子专用的配饰也在女装设计中广泛使用，并演变为造型各异、功能不同的领带形式，如领巾、领饰、领扣等。

领带色彩缤纷，在与服装搭配时应根据整体风格定位，结合服装色彩而定。具体表现为以下几种情况：

（一）以明度为主的搭配

运用色彩的明度关系原理，将服装与领带色彩形成明度对比，深色调服装配浅色调领带；反之浅色调服装配深色调领带。这是一种较为朴实的色彩搭配，视觉效果较沉稳、优雅。（图 9-129）

图 9-129　暗黑色领带与白衬衫呈明度对比关系

（二）以纯度为主的搭配

运用色彩的纯度关系原理，将服装与领带

色彩形成纯度对比，鲜艳色调服装配灰暗色调领带；反之，灰暗色调服装配鲜艳色调领带。这是一种较常见的配色方法，能营造出轻松、欢快的气氛。（图9-130）

（三）以冷暖关系为主的搭配

以色彩冷暖原理，将服装与领带色彩关系设计成冷暖倾向，冷色调服装配暖色调领带；反之，暖色调服装配冷色调领带。这种搭配方式对比强烈，光彩夺目。（图9-131）

（四）多色搭配

服装与领带搭配不只限于两种色彩，多色搭配常见于各类男女装设计中。男式领带色较丰富，服装色彩可单一化，选领带色彩中一色即可；相反女装色彩多样，领带色彩可单一些，不妨挑服装中的一色。（图9-132）

图9-130 纯度较高的领带色彩在服装整体色彩醒目突出

图9-131 领带与服装色彩形成冷暖反差效果

图9-132 领带色彩丰富，而服装色彩单一，但呼应协调

八、腰带与服装色彩的相互关系

腰带是指用于系结人体腰部的各类带子，具有固定下装的功能作用，也能起到美化装饰腰部的作用。腰带材质包括各类皮革、塑料、橡胶、水晶玻璃、金属、草绳织带，以及各类纺织品等。

腰带位于人体中部，是视觉焦点之一，因此其色彩设计直接影响服装整体效果。腰带与服装配色表现为以下几种情况：

（一）同类色搭配

腰带色彩与服装一致或相近，使服装呈现较为整体的视觉效果，通过材质差异体现设计效果。同类色是一种常见色彩搭配方法，主要用于风格典雅、浪漫的服装中。（图 9-133）

图 9-133　腰带色彩与服装融为一体

图 9-134　起对比作用的腰带色彩

（二）起对比作用的色彩搭配

腰带与服装在色彩的冷暖、明度或纯度上形成较强对比，如深色服装配浅色腰带、浅色服装配深色腰带，素色服装配艳色腰带、艳色服装配素色腰带，冷色调服装配暖色调腰带、暖色调服装配冷色调腰带。这类配色视觉效果突出，主要用于风格甜美、清新的春夏少女装设计中。（图 9-134）

（三）起阻隔效果的色彩搭配

由于服装上下色彩属补色关系，形成色相对比，视觉上比较生硬。运用无彩色腰带能起阻隔作用，有效缓解服装色彩对视觉的冲击。

（四）起呼应作用的色彩搭配

用于花型复杂、套色较多的服装中，可挑其中一色作为腰带色彩，起呼应作用。或者将配件色彩形成一个色调，相互之间互为关联呼应。（图 9-135）主要用于风格欢快、热烈的春夏或初秋服装中。

图 9-135　腰带与包、鞋色彩互为关联协调

图 9-136　腰带色彩在整体视觉中起强调作用

（五）起强调作用的色彩搭配

这类腰带由于附有镶嵌、缀饰、悬挂等装饰设计手法，加上多样的材质、丰富的套色、多变的图案，往往成为整款服装的视觉焦点，如曾流行于 21 世纪初极具浪漫情调的波西米亚风格腰带。与其搭配的服装色彩宜整体和简洁，避免因套色过多与腰带喧宾夺主。（图 9-136）

九、眼镜与服装色彩的相互关系

眼镜是指架于眼睛处、用于保护视力的工具。由于位于脸部中心位置，眼镜还具有装饰美化脸型的功能。传统眼镜材质一般是带光泽的塑料、金属、玻璃等，色彩以深暗色为主，近年来新材料、新技术不断涌现，色彩趋于多样化，银色、眩目五彩色等均成时尚潮流。

眼镜相对面积较小，其作用不可小视。眼镜与服装配色表现为以下几种情况：

（一）具有呼应作用的配色

眼镜与服装或配件在色调上大体一致，色彩的明度或纯度相近，使整体视觉上形成浑然一体感觉或呼应效果。这种配色方法适用于风格轻松、自然的设计中。（图 9-137）

图 9-137　眼镜与服装点纹、耳坠、手镯、包在色彩上构成红色调

图 9-138　眼镜与裙装在色彩上呈明度对比

（二）具有对比效果的配色

眼镜与服装在色调上形成冷暖、纯度或明度上的对比。由于佩戴部位较醒目，独特造型的眼镜配以鲜亮或浓重色彩来点缀脸部能更好衬托脸型，同时拉开与服装色彩的关系。这是一种个性鲜明、手法俏皮的配色方法，适用于风格活泼、欢快的运动休闲装、少女装等设计。（图 9-138）

十、手套与服装色彩的相互关系

手套是指戴在手和手臂上、起到保暖、装饰作用的部分。手套常用材质包括皮革、羊毛、棉、各类合成纤维等。

不同于人体其他部位，手部的一举一动直接影响到人的整体形象，因此手套色彩设计显得尤为重要。手套与服装配色表现为以下几种情况：

（一）与服装呼应的色彩搭配

选服装上的一种色彩作为手套色，形成与服装的整体呼应、协调关系，在视觉上显得悦目。（图 9-139）

（二）与服装对比的色彩搭配

手套与服装整体在色彩关系上形成冷暖、纯度或明度上的对比。常用于服装配色较简洁，以手套色彩凸显其视觉效果，如各类运动休闲或前卫风格服装。（图 9-140）

图 9-139 手套与紧身针织毛衫在色彩上互为关联

图 9-140 红色手套与黑色裙装呈纯度对比

(三) 黑色运用

以丝、纱等材质制成的黑色手套是女装,尤其是礼服的最佳配饰,无论服装如何配色,黑色手套都能与其协调。

十一、花饰与服装色彩的相互关系

花饰是指装饰于服装各部位或其他配件中的对象,分布于头、颈、肩、胸、腰、下摆等部位,以及帽子、包袋、鞋、腰带等配件上,起点缀、装饰作用。花饰材质包括各类纺织品、金属、皮革、塑料等,色彩形式多样复杂。

花饰虽小,但具有点睛作用。若处理不当,整体服装配色将显得紊乱。花饰与服装配色表现为以下几种情况:

(一) 同类色搭配

常用花饰色彩采用与服装或局部色彩相一致或近似,形成协调呼应的视觉效果,配色端庄、雅致,如少女装、婚礼服等设计。(图 9-141)

图 9-141 花饰色彩与裙装属同类色

(二) 起强调效果的色彩搭配

花饰造型独特，适合在服装或配件中凸显。采用明度或纯度对比形式，能拉开花饰与服装或配件之间的色彩关系，引领人的视线。例如，套色多服装搭配素色花饰，或者素色调子服装搭配色彩鲜艳、套色多的花饰，以塑造出可爱动人的形象。(图9-142)

图9-142 花饰色彩与裙装呈对比色关系，起强调作用

十二、辅料与服装色彩的相互关系

辅料是指用于服装造型、结构、工艺用途的对象，包括纽扣、拉链、线、裤钩、带子、挂件等。其材质大体由金属、塑料、各类纺织品等。

辅料尺寸小、造型各异，其色彩也是服装整体设计的一个组成部分，细微之处往往是体现服装品质的关键，不容忽视。辅料与服装配色表现为以下几种情况：

(一) 同类色搭配

辅料色彩融入服装整体设计中，形成同类色关系，起调和作用，如常规服装的纽扣、线等色彩运用。(图9-143)

(二) 起强调作用的色彩搭配

辅料与服装在色彩的明度或纯度上形成对比关系，视线集中于辅料色彩上，起强调、装饰作用，如牛仔裤线迹、金属拉链头等色彩运用。(图9-144)

图9-143 纽扣色彩与服装属同类色

图9-144 拉链色彩在黑色衬托下格外醒目

本章小结

本章是本书的重点部分，主要介绍了与服装色彩设计相关的服装风格、服装材质、服装图案、人体肤色、服装配饰的知识，包括概念、分类，论述了在服装色彩设计中的运用形式、设计方法，对于一名有志于从事服装设计的人而言，这些内容是至关重要的。本章的服装风格、服装配饰是重中之重，需要认真对待。

思考与练习

1. 了解各服装风格的具体内涵，掌握其在色彩设计中的具体运用。
2. 了解服装材质与色彩设计的关系，掌握其在色彩设计中的具体运用。
3. 了解服装图案与色彩设计的关系，掌握其在色彩设计中的具体运用。
4. 了解服装配饰与色彩设计的关系，掌握其在色彩设计中的具体运用。
5. 运用服装风格原理分别进行色彩设计练习。
6. 运用衬托法、呼应法、点缀法、缓冲法原理进行图案与色彩设计练习。
7. 运用服装色彩设计原理分别在具体款式中进行配饰色彩设计练习。

第十章 服装色彩的整体设计

服装整体色彩设计是系统工程,在构思时需根据主题、风格、流行要求,考虑季节、消费者、穿着环境等因素,在款式、面料、结构、配件等方面进行整体色彩设计,所设定色彩既有系列感,体现你中有我、我中有你的相互之间协调关系,同时也需其他色彩的加入,使整体上有相应的色彩变化。

服装色彩的整体设计是服装精髓部分,是服装设计思想的集中体现,它广泛运用于品牌服装季度企划、服装设计大赛,以及企事业形象包装等的色彩构思中。

第一节　构思方法

一般而言，服装色彩整体设计有具体的目标和要求，在构思时应围绕这些目标和要求而展开。在整体构思中，可依据以下三点进行：

一、根据主题

主题原是指文艺作品中所蕴含的基本思想，是作品所有要素的辐射中心和创作虚构的制约点。作为实用艺术形式，服装设计遵循普遍的艺术规律，在整体构思中，首先必须明确作品的主题思想，通过构成服装的各个要素一一体现。

现代服装设计主题种类繁多，如民族主题、乡村主题、复古主题、运动主题、未来主题、后现代主题、艺术主题等，主题成为设计师总体构思和风格表现的重要载体，是设计师设计思想、品味情趣的重要表现。1789 年法国大革命主题一直为著名设计师 John Galliano 所厚爱，他在圣·马丁毕业秀上设计的 8 件作品灵感即来自法国大革命。2006 年他又在 Dior 2006 年春夏高级女装上发布此主题，整个系列以红色贯穿始终，同样令人震撼。（图 10-1）

图 10-1　Dior 2006 年春夏高级女装“法国大革命”主题设计

不同主题蕴含不同的内涵和形式,需要设计师通过不同款式、廓形、结构、细节、色彩、配件等服装构成形式来完美体现。作为服装三要素之一,色彩是服装主题表现的重要组成部分。服装整体色彩设计围绕服装的主题展开,选用与其相配的色彩套数、色调倾向、明度和纯度,同时确立色彩之间的相互关系。2010 年春夏女装设计流行非洲主题,设计师们纷纷推出纯度较高、色彩鲜亮的青绿色、大红色、鲜黄色等,并伴随着具有浓郁土著部落特色的图案(图 10-2)。又如 John Galliano 2007 年为 Dior 所设计的春夏高级女装,主题为"蝴蝶夫人",作品除了在款式、图案、结构等融入日本元素外,整体色彩包括了嫩绿、暗红、白色等充满东方异国情调的主色调,虽然色相呈对比关系,但整体艳而不乱。(图 10-3,图 10-4,图 10-5)

图 10-2 Marc by Marc Jacobs 品牌 2010 年春夏非洲主题设计

图 10-3 John Galliano 创作的"蝴蝶夫人"主题设计

图 10-4 John Galliano 创作的"蝴蝶夫人"主题设计

图 10-5 John Galliano 创作的"蝴蝶夫人"主题设计

二、根据风格

《辞海》对风格的定义为：由于生活经历、立场观点、艺术修养、个性气质的不同，作家、艺术家们在处理题材、熔铸主题、驾驭体裁、描绘形象、运用表现手法和语言等艺术手段方面都各有特色，这就形成作品的个人风格。① 艺术和设计作品之所以区别于纯商品和自然产品在于前者具有风格，而后者没有。

服装设计是风格表现极强的实用艺术形式，每季流行作品都包含不同的风格运用，如 20 世纪初的新浪漫主义风格、2006 年前后流行的 20 世纪 60 年代风格、2007 年由 20 世纪 60 年代风格演变为宇宙风格及未来主义风格。作为服装的三大要素之一，色彩是服装风格的具体表现形式，而色彩又具有极强的情感表达作用，因此具体的风格内容决定具体的色彩运用和表现。新浪漫主义风格相对应的流行色彩是纷繁暖色调，如红色、橘色等；嫩黄、嫩绿、橙色等带有 20 世纪 60 年代风格特质的鲜亮色彩则在 2006 年大放异彩；而具有太空感觉的金银色在 2007 年成为流行主色调。(图 10-6)

图 10-6 2007 年春夏流行的闪光金色

① 上海辞书出版社，1990：1726.

色彩在风格的建立和塑造方面具有较强影响力，这源于色彩的感情倾向和视觉效果，如鲜艳的桔黄色易于表现活泼、奔放的20世纪60年代风格和波普风格，而沉着、冷静的深灰色调适于充满中性感的20世纪80年代风格表现。由于风格的差异色彩在具体表现时有不同倾向，同样是黑色，在哥特风格是恐怖的象征，而在礼服设计中则是优雅的表现。因此在整体色彩设计中设计师需要有针对性的依据不同风格采用不同的色彩组合。

三、根据穿着者

色彩运用于服装并不是服装色彩设计的最终目的，而是需要通过服装的载体——穿着者体现。每季各大时装之都发布的最新流行讯息通过传媒转化为各地穿着者对时尚的理解，她们的不同口味反过来又引导了流行方向，为设计师提供新思维、新风尚，风靡一时的牛仔服饰都是由底层穿着者的推动而兴起的，如今经过设计师重新包装成为大众主流穿着，牛仔服饰的主要色彩——靛蓝色也演变为粗犷、帅气的形象色。

随着社会经济的快速发展，穿着者对服装设计的个性化需求越来越高，不仅希望通过服装传达着装品位，提升着装形象，而且展现自己独特个性。21世纪雌雄同体服饰文化在世界范围流行，黑、灰等无彩色为广大穿着者喜好，众多时装品牌不失时机推出了以黑、灰为基调的中性服装。（图10-7）由于不同穿着者存在着人种、肤色、发色、体型、脸型、性格、喜好、文化背景、经济实力和地域性等差异，所适用的穿着场合和环境千差万别，针对流行趋势和服装审美也有不同的理解，因此设计师在构思服装整体色彩时应充分考虑这些外在因素，准确把握穿着者的心理状况，合理定位目标。

图10-7 体现雌雄同体理念的设计

第二节 服装色彩的系列设计

服装的系列设计是指在设计中，将相关或相近的元素组成成套系列方案的设计，而服装色彩的系列设计则是以色彩作为设计的重点，在系列设计中起到穿插和联系作用。服装色彩的系列设计是设计师构思的一种方法，它有助于协调整体款式设计，调和人们的视觉感受，建立起和

谐和秩序美感。例如法国著名品牌 Chanel 的色彩设计极为经典，通常以黑白为主色调，以此贯穿整季设计。

服装色彩的系列设计有以下几种方法：

一、相同色彩设计

在一组系列服装中，每款设计元素部分或全部均采用同一种色彩，以此形成相互之间的联系，达到整体系列设计协调统一的目的。这种配色方法较为简便和实用，整体效果朴实、大方，服装之间色彩过于一致容易显得乏味。由于色彩并非整款设计的重点，因此在整体风格一致的前提下可考虑加强服装在造型、款式、结构、面料、细节等某一部分的设计，突出其视觉效果，形成明显的差异。

相同色彩设计视觉平淡，多用于淑女、休闲、职业、居家等服装中。（图 10-8，图 10-9，图 10-10）

图 10-8　呈相同关系的系列色彩设计

图 10-9　呈相同关系的系列色彩设计

图 10-10　呈相同关系的系列色彩设计

二、近似色彩设计

在一组系列服装中，选用两至三种色彩配色，这类色彩在色相环上属近似色关系，如红色和橘色，天蓝、湖蓝和藏青等。在具体运用中，主色调常用于外套，而拼接装饰部分、内衣、配件等可选近似色搭配，体现出在整体协调基础上有一定的变化，富有活力。

近似色彩设计是一种较为常见的配色设计方法，色彩视觉冲击力较弱，适合日常成衣设计，多用于风格清新纯朴的少女、淑女、休闲、居家、职业等服装中。（图10-11，图10-12，图10-13）

图10-11　呈近似关系的系列色彩设计

图10-12　呈近似关系的系列色彩设计

图10-13　呈近似关系的系列色彩设计

三、渐变色彩设计

这是一种带有规律性的色彩设计。对服装的款式、面料、结构运用色彩的渐变效果,具体包括明度渐变(如由深红至浅红)、纯度渐变(如由纯蓝至灰蓝)、色相的渐变(色相环上的色彩)、补色渐变(如由橘色、橘蓝色、蓝色)或色彩之间的渐变(如由黄色至红色)等。在具体运用中,可考虑在服装的不同部位运用,如 A 款的上装、B 款的下装、C 款的整体运用。由于采用渐变色彩设计手法,系列服装款式宜相对简洁,意在突出渐变效果。(图 10-14,图 10-15,图 10-16)

图 10-14 呈渐变关系的系列色彩设计

图 10-15 呈渐变关系的系列色彩设计

图 10-16 呈渐变关系的系列色彩设计

四、主导色彩设计

根据服装主题和风格定位,设置一种色彩作为主打色贯穿整个系列。虽然各套服装之间在款式、结构、造型、面料、细节及其配套色彩等各有差异,但一种色彩在各款服装不同部位的出现能使服装具有相互联系,形成系列感。这种多次出现的色彩是整个系列的主色调,并主导着设计总体方向和效果。

主导色彩设计是系列设计的常用形式,在日常服装、表演服装、比赛服装、创意服装等中均有表现。(图 10-17,图 10-18,图 10-19)

图 10-17　呈主导关系的系列色彩设计

图 10-18　呈主导关系的系列色彩设计

图 10-19　呈主导关系的系列色彩设计

图 10-20　呈强调关系的系列色彩设计

五、强调色彩设计

为突出整体服装色彩设计效果，分别在一组服装中的领、胸、袖口、腰、下摆等部位，选用与服装面料在明度、纯度、色相上成对比关系的色彩，运用镶、嵌、滚、挑、绣、贴布、拼接等工艺，起强调凸现作用。如果服装配件选用不同色彩，同样也有这种效果。

起强调作用的色彩设计多运用于礼服、运动服、针织毛衫、童装等，色彩面积相对较小，造型较独特，否则容易喧宾夺主。(图 10-20)

图 10-21　呈情调感觉的系列色彩设计

六、情调色彩设计

指为渲染整体服装设计气氛、符合其风格和定位而设定的色彩调子。整个系列服装在款式、造型、结构、面料、细节等方面各有不同，但通过情调色彩的运用使各款服装有内在联系。例如表现自然休闲风格的土黄或咖啡色、少女优雅情调的粉红或粉紫色调、未来风格的金银色等。(图 10-21，图 10-22，图 10-23)

图 10-22 呈情调感觉的系列色彩设计

图 10-23 呈情调感觉的系列色彩设计

情调色彩设计风格独特，适用于比赛服装、创意服装等设计。

本章小结

本章是在前面论述基础上的综合运用，是服装色彩设计的整体把握。主要介绍有关服装色彩整体设计的构思和方法，以及具体运用，限于篇幅只是条条纲纲的罗列，但确实是在服装色彩设计中普遍存在的现象，只有在实践中反复使用，熟练掌握，才能真正领会其实质内涵。

思考与练习

1. 服装色彩的整体设计如何构思？

2. 服装色彩的系列设计有哪几种方法？

3. 根据色彩设计的构思方法，分别从主题、风格、消费者角度进行整体色彩设计练习。

4. 运用相同色彩设计、近似色彩设计、渐变色彩设计、主导色彩设计、强调色彩设计、情调色彩设计分别进行服装色彩的系列设计练习。

第十一章 流行色与服装

流行色与服装是一对时尚组合,流行色依附于服装,呈现丰富多彩的形象,而服装通过造型、款式、面料、结构、工艺、配饰等在整体框架内与色彩融为一体。两者互为关联,互为衬托。

第一节　流行色概念、产生和流行周期

有关流行色涉及以下几组概念：

一、流行色概念

在一定时期和地区，为大多数人喜爱和接受而广为流行的、带倾向性的色彩或色调称为流行色，英语为"Fashion Colour"，即时髦、流行的色彩，法语为"Tendance"，与英语同义。流行色概念与常用色相对，它是由专业研究机构以若干组群的形式提出，在消费市场能造成相当规模的传播。

因流行范围的不同分为地区性流行色和国际性流行色两种，前者为某一地区人们所接受并流行；而后者经国际流行色委员会讨论并一致通过，在世界范围发布。流行色运用范围很广，并不局限于服装、纺织品，还包括家具、日用品、室内外环境、食品、电器等。

二、流行色的产生

流行色的产生是一个十分复杂的社会现象。究其原因，首先涉及人的生理、心理感受，这是客观的。其次，流行色是社会政治、经济、文化和色彩规律等多种因素的反映。综合分析每年世界各国流行色协会成员国递交的提案，大致来源于以下几个方面：（图 11-1）

图 11-1　2010 年春夏流行色——裸色

（一）人的因素

人对于色彩的认知首先来自于生理和心理需求。如果长时间停留在一种色彩，人的视觉会产生麻木，而对于一种新颖的色彩，人的心情不免兴奋，这是由于人的眼球希望以此得到满足，获得精神上的快感，这是感官上的需要。20 世纪 70 年代的经济萧条时期，服装产业的发展呈现出服装产品色彩单一、缺少变化的现象，此时消费者需要鲜活生动的色彩来点亮他们的生活，于是饱和度高的鲜亮色彩出现了。当人处于某种状态——激动、快乐、悲伤、郁闷时，就会倾向于使用某种色彩：红色、米黄色、灰色、黑色等来表达出不同的心理感受，因此色彩的流行也是人的心理因素反映，所以流行色也包含了相当的主观成分。

由于受到各类媒介、商家广告的影响，人的从众心态得以滋生，这种趋同认知是产生流行色的社会基础。随着时间的推移，人们年龄、阅历、情绪、生活状态等随之变化，对流行色的认同也改变，每年新颖流行色推广正是基于这一现象。

此外某一色彩或色彩群如果长期流行，人的视觉感知系统往往产生麻木而对此产生厌倦感。如果此时推出不同于以往的流行色恰好给人以视觉刺激，满足人的生理需求。

（二）社会政治因素

现代社会瞬息万变，由政治环境改变往往带来人们审美价值、消费倾向的变化，而服装上的直接反映就是流行色。例如，20 世纪 70 年代初，西方国家由于发生了石油危机，经济步入了衰退期，同时各种自然生态的破坏使得自然色系成为人们心目中的向往，所以土黄、赭石等反映环境的色彩开始流行。2001 年“9·11”事件发生后，许多国家陷入了一片恐慌和不安，在时装界出现了两种截然不同的色彩倾向，在 2002 年春夏季时装展，众多设计师推出黑色系列，黑色也成了当年主要色系之一。同时，另一部分设计师则别出心裁，展示了亮丽的红色和黄色，宽慰人的心灵，充满欢乐、带有及时行乐人生观的波西米亚设计主题迅即广为流传。

（三）自然因素

大自然赋予人类缤纷灿烂的景致，各地自然环境千差万别，河流山川、奇花异草、飞禽走兽，无不呈现着绮丽的色彩世界，并给人以无限遐想。地球上气候影响着自然界的色彩变化，从烈日炎炎的赤道到寒风刺骨的极地代表着两个极端的地貌特征，伴随着一年四季的春夏秋冬，因地理、气象因素产生了不同环境，以及因环境变迁而带来的不同色彩。大自然的色彩恰恰给流行色的产生带来启迪，在各类国际、国内流行色组中，大自然色彩构成了主要素材，众多流行色直接取自自然色，如沙滩色、泥土色、岩石色、森林色、瓜果色、贝壳色、宇宙色等，或者直接以动植物命名，如松石绿、孔雀绿、果绿、柠檬黄、杏黄、蟹青、珊瑚红等。

三、流行色的流行周期

人们在自然界中捕捉到的色彩是有限的，而如果反复接受同样的色彩，此时人们就会感到单调和乏味，于是就希望追求一种新的色彩刺激，从而引发原有色彩逐步开始衰退，而新的色彩慢慢登场。研究结果表明，色彩的流行周期长短不等，从萌芽、成熟、高峰到退潮有的持续短至 3~4 年，长至 6~7 年。期间原有色彩和新的色彩可能交替出现，共同存在。流行色的传播由时尚发达地区传向落后的地区，由大都市传向小城市和乡村。在流行色的流行期内，高峰期约为 1~2 年，这是各类产品的黄金销售季节。

研究表明，色彩的活动周期通常是由高彩度的鲜亮色彩开始流行，继而延伸至色感丰富的中彩度色，再过渡至较为柔和的低彩度色，接着是土色系，直至无彩色系，再由无彩色转至紫色，最终回到高彩度色彩，完成循环。色彩的周期循环不是简单的重复过去，而是具有承上启下的效果，新的色彩特点正是通过循环而诞生。由冷色系至暖色系的循环周期大约是 7 年。

在某一色彩流行时，总有几个色彩处于雏期，另外几个色彩步入了衰退期，相互交替，周而复始地运转。日本流行色研究协会研究得出，蓝色与红色常常同时相伴出现。蓝色的补色是橙色，红色的补色是绿色，所以当蓝色和红色广泛流行时，橙色和绿色就退出流行舞台。由此可见，蓝色和红色是一个波度，橙色和绿色也是一个波度，合起来恰好是一个周期，一个周期大约

是蓝、红色 3 年,橙、绿色 3 年,中间过渡 1 年,总计也是 7 年。

第二节　影响色彩流行的因素

流行色是社会的产物,可以反映出一个时代的生活方式和价值取向,所以每个时代都有独具风格和特征的流行色彩。色彩的流行由社会政治、社会经济、科技、文化艺术、自然环境、名人效应、人的生理心理需求、民族地域、各艺术领域间的交汇和借鉴等多重因素综合影响而成。

一、社会政治

政治生活反映人们的精神风貌。20 世纪 70 年代由于尼克松访华引起的中国热,带领了中国及东方特色的传统色彩风靡于世;曾几何时,中国大地先后被国防绿及蓝灰色笼罩。而到了上世纪 90 年代后期香港、澳门相继回归,千禧年到来前夕,中国红、明黄等象征龙之传人的颜色为人们所钟爱。当美国发生了“9·11 事件”以及对伊没完没了的战争,反战主题的趋势发布也随着而来,成熟和坚强的黑色,向往和平及轻松的白色,象征热情和冲破困难的红色。

二、经济发展

随着社会进步,经济文化的迅速发展,人们的审美心理也日益成熟。一些大事件的发生能够在一定时期内影响到色彩的流行,社会生活的氛围或政治文化背景也能在流行色中得到相应的体现,当一些色彩迎合具体时代人们的兴趣爱好、主流追求时,这些色彩便被赋予象征时代精神和风貌的意义,广泛流行。

经济状况决定人们的色彩倾向。当经济开始衰退,进入大萧条期后,人们的心理整体趋向于压抑,经济状况也影响到产品的制造和消费,于是服装色彩变得灰暗;而一旦经济走出低谷,人们心情畅快,愿意接受新鲜事物,服装色彩也呈现出亮丽的趋势。设计成本在产品价值中所占的比例与当前的经济现状息息相关,流行色就必然会从服装、纺织等产品的附加值中敏感地反映出来,因而发达国家和地区更能体现流行色的存在和发展。

三、科技进步

科技发展是人类社会生活的一部分,在一定时间和范围内也对时尚产生影响。20 世纪 60 年代初,人类刚刚开始了探索太空时代,人们对宇宙奥秘的兴趣日渐浓厚,为适应人们的猎奇心理和兴趣,国际流行色协会发布了色相各不相同、非常浅淡的一组色彩,称为“宇宙色”,这一色彩在世界各地的消费品设计中迅速流行。

科技的飞速发展伴随着观念更新,同时给人类以新的刺激。材料科学、纳米技术、基因工程、IT 行业日新月异,一旦某种新产品、新材料、新技术、新工艺以及化工工业新色素诞生,凡是能够引起视觉上反映的,都能成为流行色新趋势发展的契机。2006 年 T 台曾流行金色、银色,这

些由高科技技术开发出的面料表面光滑、眩目，给人以未来世界效果。（图 11-2）

图 11-2 流行于 2006 年的金色

四、文化艺术

文化艺术承载着人类的精神世界，现代网络、电视银屏、报刊杂志、手机通讯等各种媒体宣传手段日益发达，极大拓展了人的视野。电影、美术、音乐、时尚等领域作为流行色载体日益丰富，彼此之间相互渗透和感染。东西方文化的交汇，都为流行色的产生与发展带来层出不穷的灵感和思潮，陶瓷色、敦煌色、夏威夷风情色、古铜色等色彩的流行都是文化艺术上的反映。

五、自然环境和气候变化

大千世界青山绿水、蓝天白云、奇花异草、飞禽走兽……多姿多彩的自然环境启发着人类的想象力，催生出五彩斑斓的流行色。20 世纪 90 年代大自然遭遇全球性的生态恶化、环境污染，引起人类高度重视，促使人们关注环保、呼唤绿色，从而导致了“森林色”、“海洋湖泊色”、“花卉色”、“泥土色”、“沙滩海贝色”等的广为流行。

流行色带有很强的季节性，国内外预测发布流行色一般一年两次，总体上分为春夏色组和秋冬色组，每季的流行色都体现出季节的特色。由于春夏与秋冬是连续性季节，因此这两大组色彩相互之间具有一定的相似性。

流行色的季节性变化特征鲜明有序，当季的流行色是以上季受欢迎的流行色为基础，再加上富有新鲜感和魅力的季节色彩。一般而言，春夏季色组色调偏暖较多，以鲜亮色为主，其中红色占据主导地位，包括橙色、橘黄色、深红等，都含一些红色。除了暖色，色组中也加入一定比例的偏冷色调和无彩色或中性色。秋冬季色组与春夏季正相反，多偏冷色调，以深色为主，其中蓝色占据主导地位，以及带有其他色相的蓝绿色、紫罗兰和红紫色等。为了整体协调，色彩组包含了一定比例的温暖色调，以及少量的无彩色或中性色。四季的色调各有特色，春夏季的流行色比较明快，具有生气，相对华丽、明艳，而秋冬季则比较深沉、含蓄，相对淡雅、柔和。

六、人的生理心理需求

对于流行色的研究必须要考虑人们的生理心理需求。色彩感觉是一种对视觉器官的刺激，人们长久反复受到一种颜色的视觉刺激难免会令人麻木生厌，必定产生审美疲劳，最初的新鲜感和刺激感随着时间的流逝而被减弱，此时自然产生对新鲜色彩的需求，渴望新的视觉刺激。这是人类喜新厌旧的天性。

当今社会节奏越来越快,消费者对产品审美价值的要求越来越高,这便要求流行色的更新换代周期也越加缩短。

七、名人效应

在时尚界,影视明星、当红歌星、名人名媛都充当着时尚引领者的角色,她们走在时尚的浪尖上,以彰显个性、标新立异的着装来强化自己的首因效应,如已故的戴安娜王妃、麦当娜等。她们率先接受了时尚塔尖的流行大潮,通过新闻媒体的宣传将最新色彩传递给大众,而人们对时髦的模仿和顺从心理又为新色彩的流行推波助澜,纷纷加入到这拨流行色大潮中,将流行色在更大范围传播开来。

八、民族地域因素

国家之间、民族之间由于政治、经济、文化、科学、艺术、教育、宗教信仰、人种肤色、性格、生活习惯、传统风俗等的因素不同,所喜爱的色彩也是千差万别的,流行色的产生往往具有民族地域性。

黑色人种会使流行色明度偏亮且对比加强。北美人奔放、自由,流行色的纯度偏高。西欧人尤其法国人较细腻,因而流行色都带有微弱的灰色调。中东的沙漠国家,因为很少看见绿色,几乎所有的国旗上都有绿色的标记。法国人对草绿色有很强的偏见,因为这能让他们想起法西斯的陆军军服。在活泼纯朴,能歌善舞的少数民族中,会流行鲜艳明亮的色彩。在快节奏的钢筋水泥城市中,容易流行纯度不高、低调暗雅的色彩。不同的地域会因地理特征的差异而使流行色呈现微弱变化:比如热带地区阳光充足、气候温热潮湿,流行色的明度和纯度会高一些,而气温较低的地区则相对较暗些,平原地区的流行色柔美和谐,草原地区则对比较为强烈。

九、各艺术领域间的交汇和借鉴

流行色的产生并不只局限于时装界,其流行也受其他姊妹艺术的影响。一种流行色的兴起,便会在各个设计艺术的领域内横向传播开来,包括服装、纺织品、装饰品、家居用品、书籍装帧、招贴广告、商品包装、展示陈列、产品设计、多媒体艺术、企业形象等视觉形式,这些领域都会下意识地运用到最时新的流行色,从而使得流行色更为广泛地传播。这种横向传播形式在发达的西方社会尤为强烈。

第三节　流行色的研究机构与预测发布

每年每季流行潮流瞬息万变、精彩纷呈,除了造型、款式、面料等,流行色是其中最为活跃的表现之一。从专业研究机构对色彩的调研、整理,到提案的提出,可窥见流行色的预测与发布这一独特现象。

一、流行色的研究机构

1963年,英国、奥地利、匈牙利、荷兰、西班牙、联邦德国、比利时、保加利亚、日本等十多个国家联合成立了国际流行色委员会(International Commission for Color in Fashion and Textiles),总部设在法国巴黎,它是非盈利机构,是国际色彩趋势方面的领导机构,目前影响世界服装与纺织面料流行颜色的最权威机构。中国于1982年加入。国际流行色协会各成员国专家每年2月和7月召开两次色彩研究会议,每位成员国首先展示其主题展板,分别对展板里的气氛图、色块和下一季色彩预测的缘由进行说明,通过对所选色彩的灵感来源、选择理由等的讲解,说明其色彩主题概念和形成缘由。委员会根据各会员国的提案,依据代表们占多数、相似的意见,在色彩趋势的总体形象、文字、气氛和色块上达成共识,作出未来十八个月的春夏或秋冬流行色定案,制定并推出春夏季与秋冬季男、女装四组国际流行色卡,并提出流行色主题的色彩灵感与情调,为服装与面料流行的色彩设计提供新的启示。

英国是世界上最早设立流行色研究机构的国家,其后美国、法国、德国、意大利、波兰也先后设置了类似部门,亚洲有日本、中国、菲律宾、韩国。1963年9月法国、瑞士、日本共同发起成立了"国际时装与纺织品流行色委员会"(International Commission for Colour in Fashion & Textiles),简称Inter Colour,总部设在法国巴黎。我国是1982年2月以中国丝绸流行协会及全国纺织品流行色调研中心的名义加入该委员会。

世界上许多国家都成立了权威性的研究机构,来担任流行色科学的研究工作。如:伦敦的英国色彩评议会(BRITISH COLOUR COUNCIL),纽约的美国纺织品色彩协会(AMERICAN TEXTILE ASSOCIATION)及美国色彩研究所(AMERICAN COLOUR AUTHORITY),巴黎的法国色彩协会(L OFFICIEL DELACOURLEUR),东京的日本流行色协会等。此外,一些专门从事纤维材料研究的国际机构,如国际羊毛事务局(IWS)、国际棉业协会(IIC)、国际纤维协会(IWA)、法国流行时装工业组织,以及法国第一视觉(Premiere Vision)、美国的《国际色彩权威》(International Color Authority)等也参与流行色的分析和发布。(表11-1)

表11-1　国际主要流行色协会成员国和组织名称

成员国	成员国流行色组织名称	成员国	成员国流行色组织名称
法　国	法兰西流行色委员会、法兰西时装工业协调委员会	芬　兰	芬兰纺织整理工程协会
瑞　士	瑞士纺织时装协会	保加利亚	保加利亚时装及商品情报中心
日　本	日本流行色协会	波　兰	波兰时装流行色中心
德　国	德意志时装研究所	匈牙利	匈牙利时装研究所
英　国	不列颠纺织品流行色集团	罗马尼亚	罗马尼亚轻工业品美术中心
奥地利	奥地利时装中心	捷　克	U.B.O.K
比利时	比利时时装中心	中　国	中国流行色协会
西班牙	西班牙时装研究所	意大利	意大利时装中心
荷　兰	荷兰时装研究所	韩　国	韩国流行色中心

二、流行色的预测发布

对流行色的预测涉及到自然科学的各个方面,是一门预测未来的综合性学科,人们经过不

断的摸索，分析，总结出了一套从科学的角度来预测分析的理论系统。

流行色的预测需要做大量细致的准备工作，包括研究色彩学的色彩要素及秩序特征，研究人们的生理、心理因素，研究消费者的风俗习惯和消费动向等。因此，流行色的产生既带有人为的主观因素，又有客观依据。主观因素是预测者排斥周围环境的影响，将自己存于记忆中的信息以主观形式表达的内容，每年的流行色均带有一定的主观成分；客观因素来源于预测者经常有意识或无意识地观察生活，购物、旅游、参观、看电视电影、出席各类社交活动等都可用以体察时尚背景下的环境、人群、氛围、情调等，尽管其中不乏个人观点，但这些预测元素都具有客观性。

由于流行色的延续性特征，因此每季流行色的发布往往带有上一季流行色的痕迹，预测者在客观地评估上一季流行讯息的基础上，选择其中的某一或某些色彩成为新一季流行色彩的组成部分。

所发布的流行色趋势对市场和消费都具有导向作用，同时也极大地影响着时装的流行。流行色的发布过程如下：

（1）24 个月前发布国际色彩；

（2）18 个月前发表 JAFCA 色彩（各国发表 ICA 色彩、CAUS 色彩等）；

（3）发表 IWS、IIC 等机构提案（属倾向性的）；

（4）12 个月前发表纺织、纤维工厂的预测，展示各种材料；

（5）发表高级时装的趋势，时装杂志纷纷刊登最流行的信息，各类服饰展示会同时举行；

（6）6 个月前至流行当季各类百货商店、专卖店、零售店均展示最新商品。

三、流行色的发布种类

在日常生活中，结合社会、经济、消费等综合分析和研究，有关机构从林林总总的色彩中提取流行色，每年发布 1～2 次。每次发布的流行色大致可分成以下几个大类：

（一）标准色组

即基本色，为大多数人日常生活中喜爱的常用色彩，每年发布的流行色均有包含，如无彩色的黑、白、灰、红、蓝等色系，如 2005 年春夏流行的白色系列。

（二）前卫色组

指带有实验性、在不远的将来成为流行倾向的色彩，它们首先为追赶时髦的消费者所热衷，并由这群人率先尝试，进而流行开来，如上世纪末的紫色。

（三）主题色组

主题色组的产生与时尚的流行趋势有关，这些色彩配合服装的风格，因此需要重点推广，如 20 世纪 90 年代初大行其道的休闲风潮，与之相对应的流行色是泥土色、茶褐色、米黄色、森林色等。当 2005 年 20 世纪 60 年代主题流行时，桔色、果绿色风行，而 2006 年和 2007 年流行主题转至宇宙风貌及未来风格时，金色和银色成为主题色组。伴随着 20 世纪 80 年代风格的掀起，金色和银色在 2008 年和 2009 年演绎为幻彩效果。

（四）预测色组

这一色组并非现在正流行着，而是依据社会经济、人们心理、消费者流行趋势发展等因素作出的未来色彩预测。

(五)时髦色组

此色组为大众所喜欢,同时正在市场上流行的色彩,如2005年古朴的薄荷绿、果绿色几乎出现在各大品牌的设计中。时髦色组既包括即将流行的始发色彩、正在流行的高潮色彩,以及即将退潮的过时色彩。

本章小结

本章主要介绍与服装色彩设计相关的流行色现象,包括流行色概念、产生、流行周期、影响色彩流行的因素、流行色的研究机构和如何预测发布。对于服装色彩设计,流行色是主体,是联系产品和消费者的纽带,对于流行色的准确、有效把握有助于提高产品的市场地位,获取消费者的认知。

思考与练习

1. 了解流行色概念、产生和流行周期。
2. 了解影响色彩流行的几大因素,并举例说明。
3. 了解流行色的研究机构与预测发布,举例说明流行色发布的几大色组。

参考文献

[1] 陈彬. 服装色彩设计. 上海:东华大学出版社,2007.
[2] 陈彬. 时装设计风格. 上海:东华大学出版社,2009.
[3] 王蕴强. 服装色彩学. 北京:中国纺织出版社,2006.
[4] 张星. 服装流行学. 北京:中国纺织出版社,2006.
[5] 崔京源. 红色范思哲灰色阿玛尼. 傅文慧,译. 北京:中国纺织出版社,2009.
[6] 爱娃·海勒. 色彩的性格. 吴彤,译. 北京:中央编译出版社,2008.
[7] 夏征农,等. 辞海. 上海:上海辞书出版社,1990.
[8] 李黎阳. 波普艺术. 北京:人民美术出版社,2008.
[9] 李莉婷. 服装色彩设计. 北京:中国纺织出版社,2006.
[10] 城一夫. 色彩史话. 杭州:浙江美术出版社,1990.
[11] 黄元庆等. 服装色彩学. 北京:纺织工业出版社,1993.
[12] 沈雷等. 针织毛衫造型与色彩设计. 上海:东华大学出版社,2009.
[13] 徐慧明,何晶. 服装色彩创意设计. 长春:吉林美术出版社,2006.
[14] 林燕宁. 服饰设计色彩. 南宁:广西美术出版社,2007.
[15] 邵献伟等. 服饰配件设计与应用. 北京:中国纺织出版社,2008.
[16] 特蕾西·黛安,汤姆·卡斯迪. 色彩预测与服装流行. 李莉婷,欧阳琦,沈飞,邓涵予,译. 北京:中国纺织出版社,2007.
[17] 卞向阳. 服装艺术判断. 上海:东华大学出版社,2006.
[18] 张浩,郑嵘. 时尚百年. 北京:中国轻工出版社,2001.
[19] 陈冠华. 世界服饰词典. 上海:上海远东出版社,1996.
[20] 王受之. 世界时装史. 北京:中国青年出版社,2002.
[21] 斯蒂芬·潘泰克,理查德·罗斯. 美国色彩基础教材. 汤凯青,译. 上海:上海人民美术出版社,2005.
[22] John Gage. Color And Culture. University of California Press, 1993.
[23] Charlotte Seeling. Fashion. KÖNEMANN, 1999.
[24] The Kyoto Costume Institute. Fashion-A History from the 18th to the 20th Century. TASCHEN, 2004.
[25] Judith Miller. Sixties Style. New York: Dorling Kindersley, 2006.
[26] Gerda Buxbaum. Icons of Fashion-20th Century. PRESTEL, 1999.
[27] Colin McDowell. Fashion Today. PHAIDON, 2000.
[28] Nick Yapp. 1970's. KÖNEMANN,1998.
[29] Claire Wilcox. Vivienne Westerwood. V&A, 2004.

[30] Maria Costantino. Men's Fashion in the 20th Century. Batsford, 1997.
[31] Maria Costantino. The 1930's. Batsford, 1991.
[32] Patricia Baker. The 1940's. Batsford. 1993.
[33] Patricia Baker. The 1950's. Batsford, 1991.
[34] Yvonne Connikie. The 1960's. Batsford, 1990.
[35] Jacqueline Herald. The 1970's. Batsford, 1992.

后　记

2007年我曾出版过《服装色彩设计》，虽然反映不错，但似乎意犹未尽。此次适逢出版东华大学服装设计专业核心系列教材之际，花了近一年时间写了这本《服装色彩设计》，有意将上本不足之处予以弥补。传统服装色彩设计理论相对成熟，但随着时尚发展日新月异，相关的色彩搭配手法千变万化，有些理论已显得不适应这一变化，这就需要提炼出具有创新的思维模式和形式的概念，本书力求在此方面做些探索。

感谢江西蓝天学院的边晓芳老师、中国美术学院上海分院的何元跃老师、吉林大学的吴春艳老师、上海视觉艺术学院的夏俐老师，他们参与了本书部分章节的文字编撰工作；感谢张建平、周荣丽等参与资料收集和整理工作。

最后，向被本书援引或借鉴的国内外文献的作者们表示诚挚的感谢和深深的敬意。由于水平所限，本书错漏和欠妥之处难免，恳请同行和读者不吝指正！

陈　彬